T0209643

essentials

essentials liefern aktuelles Wissen in konzentrierter Form. Die Essenz dessen, worauf es als „State-of-the-Art" in der gegenwärtigen Fachdiskussion oder in der Praxis ankommt. *essentials* informieren schnell, unkompliziert und verständlich

- als Einführung in ein aktuelles Thema aus Ihrem Fachgebiet
- als Einstieg in ein für Sie noch unbekanntes Themenfeld
- als Einblick, um zum Thema mitreden zu können

Die Bücher in elektronischer und gedruckter Form bringen das Fachwissen von Springerautor*innen kompakt zur Darstellung. Sie sind besonders für die Nutzung als eBook auf Tablet-PCs, eBook-Readern und Smartphones geeignet. *essentials* sind Wissensbausteine aus den Wirtschafts-, Sozial- und Geisteswissenschaften, aus Technik und Naturwissenschaften sowie aus Medizin, Psychologie und Gesundheitsberufen. Von renommierten Autor*innen aller Springer-Verlagsmarken.

Weitere Bände in der Reihe https://link.springer.com/bookseries/13088

Mario H. Kraus

Gerüchte im Geschäftsleben. Vorbeugen, Entkräften, Widerlegen

Schnelleinstieg für Architekten und Bauingenieure

 Springer Vieweg

Mario H. Kraus
Berlin, Deutschland

ISSN 2197-6708   ISSN 2197-6716   (electronic)
essentials
ISBN 978-3-658-36244-7   ISBN 978-3-658-36245-4   (eBook)
https://doi.org/10.1007/978-3-658-36245-4

Die Deutsche Nationalbibliothek verzeichnet diese Publikation in der Deutschen Nationalbibliografie; detaillierte bibliografische Daten sind im Internet über http://dnb.d-nb.de abrufbar.

Planung/Lektorat: Karina Danulat
Springer Vieweg ist ein Imprint der eingetragenen Gesellschaft Springer Fachmedien Wiesbaden GmbH und ist ein Teil von Springer Nature.
Die Anschrift der Gesellschaft ist: Abraham-Lincoln-Str. 46, 65189 Wiesbaden, Germany

Was Sie in diesem *essential* finden können

- ... eine knappe, aber anschauliche Abhandlung über Gerüchte: Entstehung, Wirkungen, Eigenschaften,
- ... Ansätze zu ihrer Entkräftung und Widerlegung,
- ... Hinweise zu Rechtsgrundlagen sowie Checklisten.

Vorwort

„Man hat behauptet, dass man von jeder Behauptung ebenso gut auch das Gegenteil behaupten kann. Das ist jedoch wieder eine Behauptung. Also kann man doch auch nicht behaupten, dass man von jeder Behauptung das Gegenteil behaupten kann. Und dann kann man auch nicht behaupten, dass man behaupten kann, dass man nicht behaupten kann, dass man von jeder Behauptung auch das Gegenteil behaupten kann." – Hans Weis (nach Seydel 1969)

„Jemand hat niemandem von jemandem erzählt. Einer hat jemanden niemandem etwas erzählen hören. Einer hat keinem davon erzählt, dass jemand niemandem von jemandem erzählt hat. Jemand wurde von niemandem belauscht, und dennoch hat einer davon erzählt. Einer hat jemanden mit niemandem belauscht und keinem davon erzählt. Jemand hat jemandem etwas von keinem erzählt. Niemand hat etwas davon gewusst, aber alle reden davon." – Johannes Tammen (nach Dencker 2002)

Zwanzig Jahre Beschäftigung mit Streitfällen und Spannungsfeldern vermitteln einen tiefen, lehrreichen und mitunter ernüchternden Einblick in das menschliche Seelenleben. Das Auftreten von Gerüchten ist dabei besonders aufschlussreich. Verändert sich Wichtiges im Leben, oder scheint es auch nur so, kursieren schon bald Gerüchte. Im unternehmerischen Alltag können sie Anzeichen für ganz verschiedene (Fehl-)Entwicklungen sein – von schwelenden Streitigkeiten unter den Beschäftigten über unlauteren Wettbewerb bis zu schlechter Vermittlung anstehender betrieblicher Veränderungen. In jedem Fall muss gehandelt werden: Doch mit welchen Mitteln?

Gerüchte kommen immer zur Unzeit, sie entfalten ein Eigenleben. Im Tagesgeschäft können sie erheblichen Schaden verursachen. Sie waren aber weder in früheren Zeiten zu vermeiden, noch sind sie es heute; wissenschaftlich ist belegt, dass „Klatsch und Tratsch" sogar zu den Wechselbeziehungen gehören, die Gemeinschaften und Gruppen zusammenhalten. Es gilt also zu lernen, wie man damit umgeht.

Dieses *essential* wurde vor vorrangig verfasst für Leitungs- und Fachkräfte der Grundstücks-, Wohnungs- und Bauwirtschaft; in seinen Grundzügen ist der Leitfaden jedoch in jedem Wirtschaftszweig anwendbar. Wer im Anschluss gute wissenschaftliche Übersichtsdarstellungen sucht, ist mit den beiden Sammelbänden „Medium Gerücht" (Bruhn und Wunderlich 2004) und „Die Kommunikation der Gerüchte" (Brokoff et al. 2008) gut bedient; beide bieten nach wie vor einen guten Überblick über Grundlagen und Ergebnisse der Gerüchteforschung.

Tätigkeits- oder Berufsbezeichnungen werden nachfolgend ohne bestimmte Geschlechtszuweisung verwendet; man lese also Urheber (m/w/d), Kunde (m/w/d), Lieferant (m/w/d) und so fort. Ich danke der Springer-Gruppe, insbesondere Karina Danulat von Springer Vieweg Wiesbaden sowie Madhipriya Kumaran und Roopashree Polepalli dafür, dass ich ein weiteres Vorhaben in dieser Reihe verwirklichen konnte.

Dr. Mario H. Kraus

Inhalt

(Bürger-)Kriege und Aufstände, Wahlkämpfe und Firmenpleiten werden von Gerüchten begleitet, mitunter sogar ausgelöst. Auch die Arbeit von Unternehmen der Grundstücks-, Wohnungs- und Bauwirtschaft kann unter Gerüchten leiden. Deren Verbreitung wurde durch die weltweite Vernetzung in den vergangenen Jahrzehnten erleichtert. Der Leitfaden vermittelt einen Überblick über Eigenschaften, Ausbreitung und Wirkung von Gerüchten; er gibt Hinweise zu Gegenmaßnahmen.

Inhaltsverzeichnis

Über den Autor

Dr. Mario H. Kraus (*1973 Berlin), seit 2002 Mediator und Publizist (Fachgebiet Wohnungswirtschaft/Stadtentwicklung, mediation.kraus@berlin.de), Dissertation bei dem Stadtforscher Prof. Dr. Hartmut Häußermann (1943–2011), Humboldt-Universität zu Berlin 2009, betreute ein landeseigenes Wohnungsunternehmen, unterrichtete Mediation (Humboldt-Universität, Universität Rostock), veröffentlichte Beiträge in Fachzeitschriften sowie mehrere Fachbücher und ist heute Mitglied des Aufsichtsrats der größten Berliner Wohnungsgenossenschaft.

Abbildungsverzeichnis

Tabellenverzeichnis

Gerüchte im Tagesgeschäft

- *In einem Forum im Netz wird ein neuer Dämmstoff als gesundheitsschädlich dargestellt; zudem würde seine Herstellung auch die Umwelt schädigen. Der Hersteller versucht öffentlich, dies zu widerlegen – mit Gutachten über die Eigenschaften des verwendeten Werkstoffs und Erläuterungen zur Baustoffzulassung in Deutschland; die Verkaufszahlen bleiben trotzdem erheblich hinter den Planungen zurück.*
- *Ein gemeinnütziges Unternehmen saniert mit hohem Aufwand einen ehemals städtischen Schulstandort, um dort eigene Betreuungs- und Bildungseinrichtungen zu betreiben. „Rechtzeitig“ vor der Eröffnungsfeier kursieren Gerüchte, man habe einen Teil der öffentlichen Fördermittel nicht verbaut, sondern das Geld unterschlagen.*
- *In einer bisher ruhigen Wohnanlage wird behauptet, ein neu zugezogener, alleinstehender, älterer Mann habe ein kleines Mädchen belästigt. Eines Abends versammeln sich vor seinem Aufgang mehrere aufgebrachte Menschen. Polizei und Hausverwaltung können die Lage nur mühsam beruhigen; die Vorwürfe erweisen sich als nicht begründet, doch der Mieter erhält aus Sicherheitsgründen eine andere Wohnung des Unternehmens.*
- *Auf einer Gewerbebrache soll eine Wohnanlage mit teils öffentlich geförderten Wohnungen entstehen. Schon die Anbahnung des Vorhabens erweist sich aufgrund von Widerstand aus der Nachbarschaft als schwierig. Kurz vor dem Richtfest werden Gerüchte verbreitet, es bliebe nicht bei einigen Wohnungen für Einkommensschwache, sondern die gesamte Wohnanlage würde für zugewanderte Familien errichtet: Es ginge um „Klientelpolitik“ und die Erfüllung einer neuen städtischen „Quote“.*

© Der/die Autor(en), exklusiv lizenziert durch Springer Fachmedien Wiesbaden GmbH, ein Teil von Springer Nature 2021
M. H. Kraus, *Gerüchte im Geschäftsleben. Vorbeugen, Entkräften, Widerlegen*, essentials, https://doi.org/10.1007/978-3-658-36245-4_1

1

- *Ein erfahrener Bauträger in Familienbesitz errichtet seit Jahren schlüsselfertige Eigenheime. Bei einem – nicht einmal besonders großen – Vorhaben häufen sich nun Mängel. Im Unternehmen wird nach den Ursachen gesucht, der überwiegende Teil der Beschwerden scheint berechtigt, das meiste wird von Auftragnehmern zügig behoben; der Bauablauf verzögert sich jedoch. Dem Bauherrn und seiner Familie scheint dies nicht auszureichen: Sie fordern immer neue Nachbesserungen und Verrechnungen, verbreiten in diversen Foren Vorwürfe und Unterstellungen, was letztlich zu einem Rechtsstreit führt.*

- *Ein älterer Mann erwirbt ein Mietshaus in seiner Heimatgegend. Er will es zeitgemäß, aber behutsam sanieren und mit seiner Frau selbst dort einziehen. Er bittet die Mieter zu einem Treffen, um sie kennenzulernen, mit ihnen über seine Pläne zu sprechen und ihre Wünsche zu erfahren. Schnell erkennt er, dass man gegen ihn Stimmung macht: Alles sei nur ein Vorwand, um die Leute auszuhorchen, das Haus „leerzuziehen" und die sanierten Wohnungen letztlich teuer zu verkaufen.*

- *Über einen örtlichen Bauunternehmer wird berichtet, er unterstütze mit dem Gewinn seines Unternehmens eine verfassungsfeindliche Gruppe im Landkreis; es gibt Aufrufe, ihn zu boykottieren. Für ihn erweist es sich als sehr schwierig, etwas zu widerlegen, was niemals stattgefunden hat.*

- *Am Rand eines Wohngebiets wird zeitweilig eine Einrichtung des Offenen Strafvollzugs angesiedelt; der Stammstandort ist baufällig. Es gibt bald erheblichen Widerstand aus der Bevölkerung bis hin zu Kundgebungen. Nach Eröffnung der Einrichtung kursieren fast wöchentlich neue Gerüchte über Straftaten, die von Insassen verübt worden wären. Stadtverwaltung und Polizei bemühen sich um Aufklärung (keiner der Vorwürfe und Berichte ist zutreffend), bis letztlich Ruhe einkehrt und sich die Erkenntnis durchsetzt, dass von der Einrichtung keine Gefahr droht.*

- *Der Bürgermeister einer kleinen Gemeinde konnte mehrere Unternehmen dafür gewinnen, sich im örtlichen Gewerbegebiet anzusiedeln. Offenkundig gibt es in der örtlichen Bevölkerung aber auch Neider; man verbreitet, er hätte Gegenleistungen erhalten, der Gemeinderat bei Kungeleien weggesehen.*

- *Ein Bauunternehmer wird wiederholt bei den Behörden beschuldigt, er würde ausländische Schwarzarbeiter beschäftigen. Der Zoll überprüft mit einem Großaufgebot zwei seiner Baustellen – ohne Ergebnis. Der Unternehmer vermutet, dass die Anzeigen mit einer größeren Ausschreibung zusammenhängen, an der er sich gerade beteiligt.*

Dies sind nur einige Beispiele. Im Tagesgeschäft von Unternehmen können Gerüchte abhängig von ihrem Inhalt und den Umständen ihrer Verbreitung

- Arbeitsabläufe stören und Arbeitskraft binden,
- die Außenwirkung beeinträchtigen, somit Umsätze und Marktanteile mindern,
- Menschen ängstigen oder aufhetzen, damit die Leistungsbereitschaft und die Unternehmensbindung schwächen oder den Krankenstand steigern,
- Aufsichtsbehörden zum Handeln veranlassen sowie
- in schwerwiegenden Fällen den Bestand des Unternehmens gefährden.

Sie haben daher wirtschaftliche, rechtliche und seelische Auswirkungen. Nach einem alten jüdischen Witz ist man bankrott, sobald nur genügend Leute behaupten, man wäre bankrott: Gerüchte über angebliche Zahlungsschwierigkeiten eines Unternehmens können dazu führen, dass ein Unternehmen gerade den einen Auftrag nicht bekommt, der es vor den bisher noch nicht bestehenden, aber drohenden Zahlungsschwierigkeiten bewahrt hätte. Gerüchte sind zudem eine häufige Erscheinung in Fällen von *Mobbing* in der Arbeitswelt.

Nun ist die Grundstücks-, Wohnungs- und Bauwirtschaft grundsätzlich in gesellschaftlichen Spannungsfeldern tätig; Jahr für Jahr gibt es in zahlreichen – größeren und kleineren – Vorhaben aus den verschiedensten Gründen Streit. In deren Umfeld sind Gerüchte im Einzelfall kaum vermeidbar, der Umgang mit ihnen gehört zur *Krisenkommunikation* in Stör- und Notfällen (Kraus 2019, 2021a, b). Es gibt kaum belastbare Zahlen zu den volkswirtschaftlichen Schäden von Gerüchten und selten Gerichtsurteile zu ihrer Aufarbeitung (außer bei *Mobbing*). Ursachen sind vermutlich die Vielfalt kurz-, mittel- und langfristiger Auswirkungen oder die schwierige Beweislage: Sind Verursacher nicht feststellbar, greifen Strafanzeigen oder Schadenersatzforderungen nicht. Zudem ist es in manchen Fällen gewiss klug, nicht durch öffentliche Gegenmaßnahmen Dritten Rückschlüsse auf die Wirkung eines Gerüchts zu ermöglichen. In Gesprächen mit Leitungs- und Fachkräften jedoch, etwa am Rande von Tagungen, mangelt es nicht an Fallbeispielen. Gegenstände von Gerüchten im Arbeitsumfeld und im Geschäftsleben können sein

- Veränderungen im Unternehmen wie geplante Schließungen oder Verlagerungen von Standorten, Gehaltsfragen, Stellenbesetzungsverfahren, aber auch Einzelheiten aus dem Leben von Leitungskräften,
- Beschwerden über angeblich gesundheits- oder umweltschädliche Waren und Leistungen des Unternehmens,
- Mutmaßungen über angebliche Verbindungen des Unternehmens zu bestimmten weltanschaulichen, gar verfassungsfeindlichen Gruppierungen, die etwa durch Spenden unterstützt würden,

- Mutmaßungen über angebliche Rechtsverstöße des Unternehmens, etwa Steuerhinterziehung oder Schwarzarbeit,
- Äußerungen über Absichten der Geschäftsleitung oder der Anteilseigner hinsichtlich der künftigen Markterschließung, einer Übernahme des Unternehmens oder drohender Zahlungsschwierigkeiten.

Eine kurze Presseschau zeigt, dass es weniger große Angelegenheiten sind, die die Öffentlichkeit bewegen und zu Gerüchten führen; viele Menschen erwarten geradezu, dass sich mit der Größe eines Vorhabens Fehlleistungen und Verzögerungen mehren (Stichworte Elbphilharmonie Hamburg, BER, Stuttgart 21): Wenn darüber etwas kursiert, dann überwiegend als „Unterhaltungsgerücht". Es führen vielmehr umstrittene Bauvorhaben, vermeintliche Geschäftsschließungen, bestimmte Grundstücksgeschäfte vor allem in Klein- und Mittelstädten zu Gerüchten, die allgemeinen Gesprächsstoff bieten und wochen- oder monatelang Rathäuser und Presse beschäftigen. Hier sind es eher „Sorgengerüchte": Wenn in einem kleinstädtischen Umfeld ein von der Bevölkerung benötigtes Angebot (Supermarkt, Bankfiliale) verschwindet, wenn ein örtliches mittelständisches Unternehmen abgewickelt oder verlagert wird, wenn eine Wohnanlage entsteht, die für die Einheimischen zu groß oder zu teuer ist, blühen die Gerüchte. Es werden von der Angelegenheit im Verhältnis zur Gesamtbevölkerung mehr Menschen bewegt, die sind aber zumeist auch leichter erreichbar als in großen Städten.

Ist ein Unternehmen von einem Gerücht betroffen, und wird dann noch die Presse aufmerksam, kann aus einem „Nicht-Ereignis" bald ein Ereignis werden – nicht nur im „Sommerloch". Was hat es auf sich mit Gerüchten? Bei allen außergewöhnlichen, aufsehenerregenden Ereignissen in der Menschheitsgeschichte spielten Gerüchte eine Rolle, gewiss schon vor Beginn der Sesshaftigkeit (Dunbar 1998). Sie wirkten und wirken sogar gemeinschaftsstiftend, wobei sie Menschen meist zwingen, sich zwischen zwei Lagern zu entscheiden. Gerüchte begleiten Kriege und Bürgerkriege, Wahlkämpfe und Regierungswechsel; Pleiten und Proteste; für einige davon sind sie sogar ursächlich. Seuchen und Staatsbankrotte sind immer gute Nährböden. Gerüchte waren lange vor der Erfindung von Büchern und Zeitungen, Rundfunk und Fernsehen die einzige Art, an Neuigkeiten zu kommen: „Hörensagen" erreichte Bauern, Kaufleute, Bürger, Geistliche, Soldaten und Edelleute gleichermaßen.

An Verschwörungen zu glauben, ist eine einfache Möglichkeit, sich die Welt zu erklären; den Glauben an Verschwörungen zu befördern, kann große Gruppen von Menschen in bestimmte Verhaltensmuster lenken: Die Verfolgung von Menschen jüdischen Glaubens beruht seit Jahrhunderten auf Gerüchten; in jüngerer Zeit waren die Anschläge von 9/11 oder die Corona-Pandemie ergiebige

Anlässe. Gerüchte bergen Gefahr: Vor allem in Monarchien und Diktaturen gingen Gerüchte zumeist einher mit *Denunziation,* die wiederum die Betroffenen Besitz, Gesundheit und Leben kosten konnte. Und auch der moderne Rechtsstaat bietet nur begrenzten Schutz.

Wurden Gerüchte früher nur unter sich mehr oder minder Bekannten, zumindest unter Anwesenden, verbreitet, hat sich der Maßstab mittlerweile verändert: Die Entstehung weder der Presse noch der heutigen *Informations-/Kommunikationstechnologien IKT* hat Gerüchte überflüssig gemacht, sondern vielmehr ihre Verbreitung befördert: Heute können weit mehr Menschen – auch sich völlig Fremde und weit voneinander Entfernte – viel schneller einbezogen werden als zu Zeiten der Altvorderen. Was aber seit Jahrtausenden geschieht, wird die Menschheit noch eine Weile begleiten; was man nicht vermeiden kann, muss man zu bewältigen lernen.

Wissenschaftlich untersucht werden Gerüchte erst seit dem 20. Jahrhundert; der I. und der II. Weltkrieg waren die wichtigsten Anlässe, sich umfassend mit ihrer Verbreitung und Steuerung zu befassen; Marktforschung und Börsenhandel taten ein Übriges. In den letzten Jahrzehnten erschienen in Deutschland einige unterhaltsame Darstellungen über Klatsch, Tratsch und Gerüchte (Thiele-Dohrmann 1992, 1999; Schuldt 2009; Keil und Kellerhoff 2017); daneben mehrten sich wissenschaftliche Abhandlungen (Bergmann 1987; Lauf 1990; Neubauer 2009/1998; Bruhn und Wunderlich 2004; Brokoff et al. 2008). Im Ausland erschienen weitere lehrreiche Übersichtsdarstellungen (Kapferer 1987/1995; Dunbar 1998; Selbin 2009/2010); Einzelwerke behandelten die Rolle von Gerüchten in der französischen Revolution, dem Volksaufstand in Indien 1857 oder im I. und II. Weltkrieg (Porter 2017; Wagner 2016; Altenhöner 2008; Fleischer 1994). Es gibt mittlerweile auch etliche Handbücher für unternehmerische Zwecke, die Krisenkommunikation einschließlich des Umgangs mit Gerüchten behandeln (Kimmel 2003; Fink 2013; Höbel und Hoffmann 2014; Thießen 2014; Frandsen und Johansen 2016; Griffin 2017; Steinke 2017; Ulmer et al. 2017; Klapproth 2018; Coombs 2019; Hartley 2019; Meißner und Schach 2019; Coleman 2020); verwiesen sei auf drei Leitfäden zur Krisenkommunikation (Deutscher Städtetag 2012; BMI 2014; BfV/BSI 2016/2017).

Gerüchte in modernen Massengesellschaften zu verfolgen erfordert viel Aufwand, den vorrangig Sicherheitsbehörden, Forschungseinrichtungen und wenige Beratungsunternehmen leisten können. Heutige Forschung über Gerüchte befasst sich vorrangig mit deren Verbreitung und Verfolgung im Netz (Castelfranchi und Tan 2001; Jiang et al. 2019; Kaya und Alhaj 2019; Xu und Wu 2020; Tan und Peiduo 2022). Dafür gibt es mehrere Gründe: Dank Vernetzung können Nachrichten, Trends oder Gerüchte gründlicher untersucht werden als in früheren Zeiten; so lässt sich viel lernen über die Überwachung und Steuerung von Siedlungsräumen, Wirtschaftskreisläufen und Staaten. Auch erscheint der Zusammenhang zwischen der Verbreitung von Gerüchten und von Krankheiten naheliegend; geht es um die Mathematik dahinter, sind die Ähnlichkeiten noch auffälliger: Die Untersuchung gesellschaftlicher Netzwerke verschafft Kenntnis über Austausch und Verbreitung von Informationen und Infektionen, nebenher über Logistik und Statistik. Heute ist es möglich, nicht nur das Verhalten kleiner Gruppen zu untersuchen, sondern Trends in einer Weltgesellschaft zu erkennen und nachzuvollziehen. Doch das Gleichnis von Gerücht und Krankheit hat Grenzen: Zur „Immunisierung" gegen Gerüchte mögen Lebenserfahrung, Gelassenheit und die Kenntnis der Sach- und Rechtslage betragen; doch eine „Quarantäne" kann Gerüchte eher befördern als einhegen.

Begrifflichkeiten und Abgrenzungen 2

Der Begriff „Gerücht" bezeichnete einst den Ruf oder Leumund eines Menschen (*gerüft*, vgl. *rufen*). In den letzten Jahrhunderten wurde er zunehmend für jene Nachrichten, Mitteilungen, Geschichten verwendet, die diesen Ruf oder Leumund schaffen. Das „Deutsche Wörterbuch" (1854–1961, *woerterbuchnetz.de*), begründet von Jacob und Wilhelm Grimm (1785–1863 und 1786–1859), verweist ferner auf das „Zeter und Mordio", den Tumult, den Menschen im Mittelalter bei Feuer, Diebstahl, Raub, Vergewaltigung oder Totschlag anstimmten, um Hilfe herbeizuholen, die Obrigkeiten aufmerksam zu machen oder eine Klage zu erheben: Wurde ein Mensch in jenen Zeiten durch ein Gerücht, eine Verleumdung oder Verdächtigung vor den Richter gebracht, konnte Schlimmes drohen, auch wegen der üblichen Verfahrensweise, Geständnisse durch Folter zu erzwingen.

Gerüchte können Einzelne ebenso betreffen wie Gruppen von Menschen, Unternehmen, Behörden, Glaubensgemeinschaften, Regierungen, „den Staat" oder „die Verhältnisse". Hingegen bezeichnen „Klatsch und Tratsch" ähnliche Erscheinungen, die jedoch eher auf Alltägliches, auf Einzelne beschränkt sind und meist aus Langeweile unter Bekannten entstehen (im Englischen wird unterschieden zwischen *rumo(u)r* und *gossip*). Es ist jeweils etwas Anderes, ob „mit jemandem", „über jemanden" und „von jemandem" gesprochen wird. Abzugrenzen ist der Begriff „Gerücht" zudem von den Begriffen

- *Fake News,* absichtlich verbreiteten, falschen oder verzerrten Nachrichten, die große Gruppen von Menschen in gesellschaftlich schwierigen Zeiten gezielt beeinflussen sollen,
- *Hoax,* einer falschen oder übertriebenen (Grusel-)Geschichte (früher etwa als Aprilscherz oder Kettenbrief, heute meist über das Netz verbreitet), und
- *Urban Legend,* einer „schrägen Geschichte", die vielleicht auf einem wahren Ereignis beruht und einen gewissen Unterhaltungswert hat.

© Der/die Autor(en), exklusiv lizenziert durch Springer Fachmedien Wiesbaden GmbH, ein Teil von Springer Nature 2021
M. H. Kraus, *Gerüchte im Geschäftsleben. Vorbeugen, Entkräften, Widerlegen*, essentials, https://doi.org/10.1007/978-3-658-36245-4_2

Um Gerüchte genauer zu erfassen, genügt dies noch nicht. Hier folgt zunächst eine weitere Abgrenzung von Begrifflichkeiten:

- Eine **Botschaft** ist wichtig und wird gezielt überbracht; sie richtet sich nur an Einzelne oder bestimmte, klar umgrenzte Gruppen.
- Eine **Meldung** ist dieser ähnlich, wird aber entweder von Niederrangigeren an Höherrangige erstattet oder erscheint als kurze Nachricht in der Presse.
- Ein **Bericht** ist beruflich oder amtlich veranlasst und bezieht sich auf eng umgrenzte Sachverhalte oder Ereignisse.
- Eine **Aussage** betrifft einen gewissen Sachverhalt (und wird dann oft als „wahr" oder „falsch" bewertet), etwa im Rahmen eines Gerichtsverfahrens.
- Eine **Mitteilung** ist inhaltlich wichtig und richtet sich an bestimmte Gruppen.
- Eine **Nachricht** ist inhaltlich weiter gefasst und richtet sich an noch größere Gruppen.
- Eine **Erklärung,** eine **Erörterung** oder eine **Erläuterung** sind auf bestimmte Sachverhalte und Zwecke gerichtet, nutzen dabei Beispiele, Vergleiche und Verweise.
- Eine **Äußerung** ist eine gesprochene, geschriebene oder sonstige Anmerkung aus beliebigem Anlass in einem beliebigen Umfeld; sie folgt anders als einige der vorgenannten Formen keiner Regel und hat vergleichsweise wenig Inhalt. Sie kann eine Vermutung sein oder auch eine Behauptung, ein Wunsch oder eine Bitte und vieles mehr.
- **Information** ist jeglicher Inhalt der vorgenannten Formen, der bei den Empfangenden das Denken beeinflusst und Entscheidungen bewirkt.
- **Kommunikation** wiederum ist wechselseitiger Austausch von Information; sie ist ein Geschehen, hat *Prozesscharakter.* Zudem ist sie ein *Sozialphänomen,* welches nicht „an sich", sondern nur an Erscheinungen in den jeweiligen Lebenswelten wahrgenommen wird – etwa am Verhalten der Beteiligten; Gerüchte gehören dazu.

Diese Unterscheidungen sind nicht zuletzt wesentlich, um im Einzelfall zu erkennen, was vorgeht. Es gibt vielfältige Wechselbeziehungen – so sind Gerüchte für die Beteiligten selbst Nachrichten, Nachrichten können wiederum Gerüchte auslösen; es gibt Gerüchte über Nachrichten und Nachrichten über Gerüchte. Es gibt sogar Gerüchte über Gerüchte, etwa wenn öffentlich gemutmaßt wird, ein Unternehmen habe Gerüchte über sich selbst in die Welt gesetzt, um auf sich aufmerksam zu machen. Meldungen, Berichte und Aussagen können sich auf Gerüchte beziehen, sie aber auch auslösen. Und all dies vermittelt Information – ob beabsichtigt oder nicht.

Ein Gerücht ist ganz allgemein ein Geschehen, in dem mindestens ein Inhalt (und damit Information) unter deutlich mehr als zwei Beteiligten verbreitet wird. Diese sind im betreffenden Zeitraum nicht willens oder fähig, den nicht-verbürgten Inhalt auf „Richtigkeit" oder „Wahrheit" zu prüfen; sie beteiligen sich am Gerücht, weil sie das für nützlich oder unterhaltsam erachten. Glauben Menschen ein Gerücht, halten sie es nicht für eines, sondern für eine Wahrheit. Deshalb ist der Drang, die Nachricht zu überprüfen, auch gering. Doch vermeintliche Vertrauenswürdigkeit von Nachrichten und ihren Überbringern kann trügerisch sein: Werden etwa im Netz Urheber und Ursprung einer Nachricht benannt, müssen die Angaben nicht zwingend zutreffen; hält man Bekannte für vertrauenswürdig, mögen diese sich im Einzelfall irren oder eben geschickt darin sein, ihre Mitmenschen zu beeinflussen. Gerüchte haben Nachrichten- und Unterhaltungswert; sie schaffen vermeintliche Lagebilder, die einfacher und stimmiger erscheinen als etwa durch die Presse dargestellte „Wahrheiten". Sie lassen sich zunächst mit zweiseitigen Leitunterscheidungen einteilen und sind demnach (Abb. 2.1)

- absichtlich/vorsätzlich oder zufällig/fahrlässig in Umlauf gebracht worden und zwar im Unternehmen oder außerhalb desselben,
- „richtig" oder „falsch" (die Inhalte beziehen sich also auf tatsächliche Geschehnisse, Sachverhalte, Zustände oder eben nicht),
- „gut"/„nützlich" oder „schlecht"/„schädlich" für die Betroffenen.

Es gibt also nicht nur nachteilige Gerüchte – wobei ein Gerücht, das zunächst hoffnungsfroh stimmt und sich dann als falsch herausstellt, durchaus enttäuschen kann. Und auch wenn es „falsch" ist, muss es nicht auf Lügen beruhen: Diese werden vorsätzlich-absichtsvoll verbreitet; im Alltag wird aber auch leichtsinnig oder irrtümlich dahergeredet. Um verbreitet zu werden, muss ein Gerücht weniger „stimmen" als „passen", nämlich zu den Lebenswelten und Weltbildern der Beteiligten. Es muss bestimmte Erwartungen, Bedürfnisse, Befürchtungen bedienen, muss Bedeutungen vermitteln.

Gerüchte schaden Menschen, wenn von ihnen Betroffene nicht ausweichen können, wenn Lebenswelten sich überschneiden. Daher sind Arbeitsumfeld und Geschäftsleben ebenso ergiebig wie Nachbarschaften. Ist man voneinander abhängig, vertraglich verbunden, aufeinander angewiesen, ob gewollt oder gezwungen, können Gerüchte das Zusammenleben erheblich und langfristig stören. Sie können sich im Einzelnen auf ganz Verschiedenes beziehen, darunter auch Verbürgtes und Richtiges. Die Bandbreite umfasst

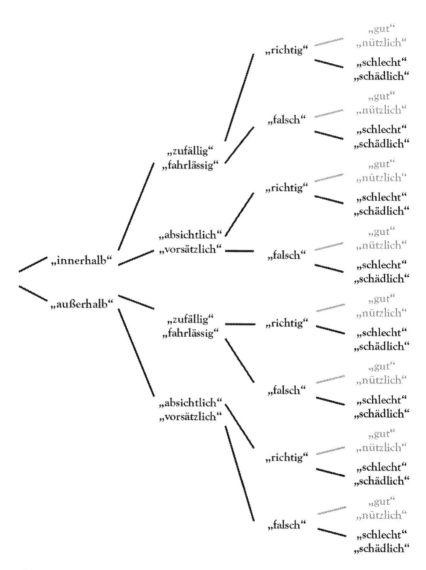

Abb. 2.1 Einteilung von Gerüchten

- Nachrichten zweifelhaften Ursprungs („man sagt"/„alle sagen"), gern aus dem Netz,
- Mitteilungen von „Bekannten von Bekannten" *(Friend of a Friend FoaF)*,
- Beobachtungen und Erlebnisse im Alltag,
- Veröffentlichungen, Fernsehsendungen, Veranstaltungen, aber auch
- seriöse wissenschaftliche Gutachten und gerichtliche Entscheidungen, die aber möglicherweise flüchtig gelesen oder eigenwillig ausgelegt werden.

Dementsprechend können die Beweggründe, sich an Gerüchten zu beteiligen (sie zu verbreiten, nicht unbedingt zu verursachen), ganz unterschiedlich sein; es kann beispielsweise darum gehen,

- von Fehlern ablenken und eigene Schuld zu verschleiern,
- Menschen zu schädigen, zu verdrängen oder bloßzustellen (Stichwort *Mobbing*), mitunter als Ausdruck einer krankhaften Veranlagung (Stichwort *Stalking*) oder
- zu bestimmten Handlungen zu veranlassen, gar gegen andere Menschen aufzuhetzen,
- mit Langeweile und Unterforderung im Arbeitsumfeld umzugehen, aber auch
- andere neugierig und auf etwas aufmerksam zu machen, gern als (Eigen-) Werbung.

Ob also mit einem Gerücht Macht ausgeübt, Ziele verfolgt, Entwicklungen bewirkt werden sollen, weil die üblichen und rechtstreuen Möglichkeiten versagt haben, erfordert im Einzelfall eine gründliche Ursachenforschung. Eine zusätzliche Unterscheidung in Gerüchte über

- vergangene Ereignisse (betreffend etwa frühere Vorhaben, Beschäftigte oder die Geschichte des Unternehmens),
- gegenwärtige Zustände (betreffend etwa die Zahlungsfähigkeit) und
- künftige Entwicklungen (betreffend etwa Markterschließung, Stellenabbau, Zusammenschlüsse mit Wettbewerbern)

ist im Geschäftsleben gerade für die rechtliche Aufarbeitung ebenfalls nützlich. Jedes Gerücht gehört zur

- *informellen Kommunikation,* so wie alltägliche Unterhaltungen, und nicht zur
- *formellen Kommunikation,* der Welt der Dienstberatungen, Leitbilder, Pressemitteilungen und Gerichtsverfahren.

Wer ein Gerücht, um es zu widerlegen oder aufzuarbeiten, vom ersteren in den letzteren Bereich bringt, kann ihm durchaus eine noch größere Öffentlichkeit verschaffen. Umsicht und Geschick bei der Wahl der Mittel sind geboten. Gerüchte sind Normalität – und Zeichen dafür, dass im Leben nicht immer alles beherrschbar ist.

Entstehung und Wirkungen

3

Gerüchte werden befördert durch *Sozialkonflikte,* also Spannungen und Streitfälle in und zwischen Gruppen, Gemeinschaften, Gesellschaften. In Gerüchten erscheinen Weltbilder und Glaubenssätze, Hoffnungen und Befürchtungen, Vorurteile und Befindlichkeiten. Sie können in Unternehmen ebenso wie in Wohnanlagen und Siedlungsgebieten kursieren oder sich über das Netz weltweit verbreiten. Wie angedeutet entstehen sie durch

- Zufälle und Missverständnisse (etwa fehlerhaftes Verstehen und Verbreiten von Nachrichten, leichtsinniges Behaupten und Vermuten, Flüchtigkeit und Nachlässigkeit im Alltag) oder
- Vorsatz/Absicht („Machtspiele" in Unternehmen um Einfluss, Ablenken von Fehlentwicklungen, Verdrängen von Menschen, Schädigen von Wettbewerbern).

Letztere können zwar nicht in allen Einzelheiten gesteuert werden; wer jedoch seine Zielgruppen kennt und Erfahrungen mit dieser Art der berechnenden Auseinandersetzung hat, vermag Nachrichten so zu streuen, dass die Wirkung nicht ausbleibt, auch wenn sich nur eine Minderheit angesprochen fühlt. Gerüchte gehören zu den schnellsten und billigsten Mitteln, um Nachrichten zu verbreiten; der Begriff „Selbstläufer" passt hervorragend. Allerdings sind sie nicht immer zielgenau, eignen sie sich auch nicht für jede Nachricht und für jeden Zweck. Gerüchte erfüllen menschliche Bedürfnisse (sonst würden sie eben nicht so schnell und bereitwillig verbreitet werden) – etwa nach Zugehörigkeit, Anerkennung, Sicherheit oder Geborgenheit, aber auch nach Vergeltung. Die übliche Erklärung, Gerüchte würden sich ausbreiten, um fehlende Information zu ersetzen, greift oft, aber nicht immer: Menschen öffnen sich Gerüchten vor allem

M. H. Kraus, *Gerüchte im Geschäftsleben. Vorbeugen, Entkräften, Widerlegen,* essentials, https://doi.org/10.1007/978-3-658-36245-4_3

- in schwierigen Lebenslagen, die für sie nicht übersichtlich oder verständlich sind; das können betriebliche ebenso wie gesellschaftliche Veränderungen sein,
- aus Langeweile oder Einsamkeit – sie wollen dazugehören, mitreden können und sich gegenseitig in ihren Weltanschauungen bestätigen (Gerüchte eignen sich dazu besonders gut, da sie kein Fachwissen erfordern, also niederschwellig verbreitet werden können),
- um Menschen zu schaden oder sich an ihnen zu rächen, wobei die Gründe vielfältig sein können (von anerzogenen Vorurteilen über tief sitzenden Neid oder eine schwierige Wettbewerbslage bis zu verlorenen Gerichtsverfahren).

Dass die Übernahme eines großen Unternehmens durch ein anderes Unternehmen Gerüchte auslöst, ist zu erwarten; das gilt auch für Wahlkämpfe und noch mehr für besondere Herausforderungen wie die Corona-Pandemie. Doch verbreiten sich Gerüchte auch in ruhigen Zeiten und füllen „Sommerlöcher". Sie erzeugen zunächst kleine Kreise von Eingeweihten, die etwas schneller erfahren als andere – wobei dieser Vorteil mit der weiteren Ausbreitung des Gerüchts schwindet. Gerüchte beziehen sich auf Außergewöhnliches; sie bieten Abwechslung im Alltag. Mit etwas Klatsch und Tratsch (auch als Forumsbeitrag) lässt sich das eine oder andere Stündchen verbringen. Dabei verändern sich Gerüchte mitunter (Stichwort „Stille Post"): Sie werden bedrohlicher und furchterregender, manchmal bunter und amüsanter; Namen von Handelnden werden ausgetauscht oder Orte des Geschehens. Um gegenwärtig, lebendig, wirksam zu bleiben, muss ein Gerücht baldmöglichst weitergegeben werden.

Die an Gerüchten Beteiligten müssen grundsätzlich (wenn auch nicht immer bewusst) bereit sein, Teil- und Halbwahrheiten aufzunehmen, auch „Schlechtes" zu glauben. Letzteres ist leicht, da in unserer Kultur gewohnheitsmäßig auf Fehler, Mängel, Schwächen, Nachteile, Versäumnisse geachtet wird. Gerüchte leben in einer Gemengelage aus Hoffnung und Erwartung, Angst und Furcht, Neid und Hass; andauernde Gefühle der Benachteiligung und Missachtung wirken begünstigend. Gerüchte werden ferner bereitwillig aufgenommen, wenn sie von vertrauten Menschen oder zumindest Menschen in einer ähnlichen Lebenslage verbreitet werden; erscheint eine Nachricht zudem mehrfach über einen bestimmten Zeitraum sowie aus verschiedenen Kanälen, wird sie durch die Wiederholung zur „gefühlten Wahrheit".

Mit anderen Worten muss, wer ein Gerücht schnell und wirksam verbreiten will, verschiedene Bedingungen befolgen: Das neue Gerücht sollte

- einige bekannte Tatsachen mit einigen Behauptungen und (Fehl-)Deutungen verbinden,

- Inhalte haben, die für die Zielgruppe gerade wichtig sind oder zumindest anrüchig, umstritten, rechtswidrig erscheinen,
- zunächst in ihrem Umfeld bekannten und gut vernetzten, mitteilungsfreudigen Mitmenschen vermittelt oder über das Netz verbreitet werden (am besten sind mehrere Verbreitungswege),
- dabei entweder mit dringender Bitte um Vertraulichkeit („ ... *das bleibt unter uns* ...", „... *das haben Sie nicht von mir* ...") oder bestreitend, dass etwas an der Sache ist („... *also ich glaube ja nicht daran, aber* ...") oder mit Verweis auf verborgene Quellen („man", „alle") und
- zur richtigen Zeit im Umlauf kommen (Wahlkampf, Geschäftseröffnung, Markteinführung).

Gerüchte schaffen durch Gruppenbildung auch Gemeinsamkeit und Zusammenhalt, selbst unter bisher Fremden. Das kann für eine Gemeinschaft gerade in schwierigen Zeiten durchaus sinnvoll sein. Man versteht sich, hat ähnliche Befindlichkeiten und Bedürfnisse; Feindbilder und Abneigungen gegen bestimmte Mitmenschen oder „die Verhältnisse" werden geteilt. Man entlastet sich durch Schuldzuweisungen an „Sündenböcke" und Verschwörungen. Damit können Gerüchte ein Eigenleben entfalten: Menschen unter Stress oder Gruppendruck suchen vorrangig nach Bestätigungen für ihre Glaubenssätze und Werturteile; wer aber sucht, wird auch finden und lebt bald in einer eigenen Welt. Nicht zuletzt deshalb lassen sich Menschen, die an eine Verschwörung glauben, selten durch wissenschaftliche Beweise oder geduldige Erklärungen überzeugen. Das Verhältnis von Einzelnen und Gruppen zeigt sich hier als sehr heikel:

- Manche Menschen können Gruppendruck und Gerüchten mit hinreichend Lebenserfahrung und Selbstbewusstsein widerstehen.
- Andere denken für sich allein noch über den Inhalt von Nachrichten nach, werden aber in der Gruppe von Gerüchten mitgerissen.
- Wieder andere steigern sich in Wahnwelten hinein, vor allem dann, wenn sie einsam und verbittert sind, und suchen nach Gruppen von Gleichgesinnten.

Gerüchte ermöglichen einfaches Mitwirken, angereichert mit etwas Geheimnisverrat oder Tabubruch. Beteiligt ist, wer erreicht wird und weitergibt – in einem Rollentausch der Beteiligten von Empfängern zu Übermittlern. Daran teilzunehmen, erfordert, sich mehr oder minder bewusst zu entscheiden. Von „mündigen Bürgern" sollte dabei ein gewisses Verantwortungsgefühl zu erwarten sein. Tatsächlich kursieren Gerüchte aufgrund oberflächlicher Einschätzungen: „Alle" wissen davon, „man sagt" es, es ist irgendwie schlüssig. Umso leichter ist es,

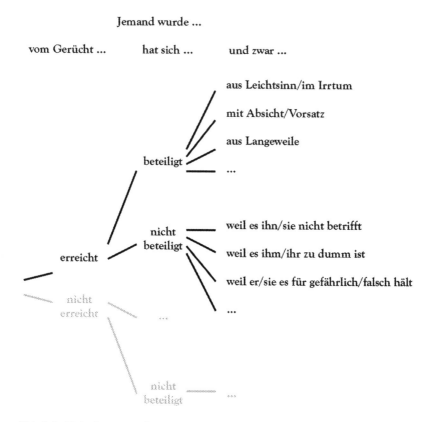

Abb. 3.1 Verbreitung von Gerüchten. Die Entscheidung, an einem Gerücht teilzuhaben, erfolgt nicht immer bewusst

später Verantwortung von sich zu weisen, indem man in der Menge verschwindet. Die Forschung konnte bisher nicht klar belegen, dass Bildung davor schützt, von Gerüchten beeinflusst zu werden – anders ist es, wenn zum Bildungsbegriff gehört, sich des Inhalts von Nachrichten zu vergewissern und sie nicht leichtsinnig zu streuen.

Warum Menschen sich an Gerüchten beteiligen oder eben nicht, hat vielfältige Gründe (Abb. 3.1); lassen sie sich nicht beeinflussen, halten sie das Ganze vielleicht nicht für wichtig oder sinnvoll, fühlen sich nicht betroffen, oder sie erkennen es als falsch, gefährlich oder lächerlich. Bei den Letzteren wäre zu fragen, warum sie nicht dem Gerücht widersprechen oder es einzudämmen versuchen: Entweder erscheint ihnen Widerspruch sinnlos, etwa weil sie in der Minderheit sind, oder sie kennen die tatsächlichen Verhältnisse und wollen ihren Wissensvorteil nutzen. Somit beruht nicht nur die Ausbreitung, sondern auch die Hemmung von Gerüchten auf Gemengelagen. Es gibt eine Faustregel, wiederum auf zweiseitigen Leitunterscheidungen beruhend (Kraus 2019):

- „Richtiges", von den „Richtigen" unter den „richtigen" Umständen (Ort, Zeit, Umfeld) vermittelt, wird aufgenommen.
- „Richtiges", von den „Richtigen" unter den „falschen" Umständen vermittelt, wird eher aufgenommen als abgelehnt.
- „Richtiges", von den „Falschen" unter den „richtigen" Umständen vermittelt, wird eher abgelehnt als aufgenommen.
- „Richtiges", von den „Falschen" unter den „falschen" Umständen vermittelt, wird abgelehnt.
- „Falsches", von den „Richtigen" unter den „richtigen" Umständen vermittelt, wird eher aufgenommen als abgelehnt.
- „Falsches", von den „Richtigen" unter den „falschen" Umständen vermittelt, wird eher abgelehnt als aufgenommen.
- „Falsches", von den „Falschen" unter den „richtigen" Umständen vermittelt, wird abgelehnt.
- „Falsches", von den „Falschen" unter den „falschen" Umständen vermittelt, wird abgelehnt.

Dabei zeigt sich im jeweiligen Einzelfall und Umfeld, was „richtig" und „gut", was „falsch" oder „schlecht" ist, wer als vertrauenswürdig gilt oder eben nicht. Die Wirkung von Gerüchten kann mit einer ähnlichen Zweiteilung beschrieben werden (Tab. 3.1); und auch das bekannte *Johari-Fenster* nach den Sozialpsychologen Joseph „Joe" Luft (1916–2014) und Harrington „Harry" Ingham (1916–1995) zeigt zweiteilend Handlungsspielräume, die sich aus ungleich verteiltem Wissen in Gruppen ergeben (Tab. 3.2): Regelmäßiger Austausch über alle wesentlichen Sachverhalte im Arbeitsumfeld als Teil eines angenehmen Betriebsklimas ist demnach eine gute Vorbeugung (schützt aber nur bedingt vor Gerüchten, die von außen hereingetragen werden). Ein Gerücht erlischt, wenn

- der Inhalt eingetroffen ist, das Gerücht sich also als richtig erwiesen hat, oder wenn es (öffentlichkeits-)wirksam widerlegt wurde,
- alle beteiligt wurden, die im betreffenden Zeitraum erreicht werden konnten (also niemand mehr übrig ist), oder

Tab. 3.1 Wirkung von Gerüchten (nach Kapferer 1987). Wie ein Gerücht aufgenommen wird, ist abhängig von den jeweiligen Umständen – hier gezeigt am Beispiel eines Gerüchts über Einzelne

	… hat etwas „Gutes" getan.	… hat etwas „Schlechtes" getan.
Jemand „Gutes" …	*„Na und?"*	*„Ich wusste, dass da was nicht stimmt."* oder *„Das ist doch gesteuert."*
Jemand „Schlechtes" …	*„Das hat nicht viel zu sagen."* oder *„Wer weiß, was dahinter steckt."*	*„Was ist daran neu?"*

Tab. 3.2 Johari-Fenster (nach Luft & Ingham 1955). Ob Menschen in einem bestimmten Zeitraum gleiches oder unterschiedliches Wissen haben, beeinflusst erheblich die Entstehung und Ausbreitung von Gerüchten

	Die anderen wissen …	Die anderen wissen nicht …
Ich weiß …	Gemeinsames Wissen erzeugt wenig Anlässe für Gerüchte.	Ich kann meinen Vorteil nutzen, aber die anderen können Gerüchte über mich verbreiten.
Ich weiß nicht …	Die anderen haben einen Vorteil, aber ich kann Gerüchte über sie verbreiten.	Gemeinsames Nicht-Wissen erzeugt Anlässe für gemeinsame Gerüchte.

- das Gerücht von etwas Wichtigerem, Neuerem, Spannenderem überlagert wurde.

Es kann jedoch später, gegebenenfalls in leicht veränderter Form, aus dem allgemeinen Grundrauschen wieder auftauchen.

Eingrenzung und Entkräftung

4

Der Schriftsteller Adolf Freiherr Knigge (1752–1796) schrieb 1788 in seinem bekannten Werk „Über den Umgang mit Menschen":

„Jener Neid nun erzeugt dann oft die schrecklichen Verleumdungen, denen auch der edelste Mann ausgesetzt ist. Es lässt sich nicht fest bestimmen, wie man sich immer zu betragen habe, wenn man verleumdet wird. Oft erfordern Redlichkeit und Klugheit die schnellste und deutlichste Darstellung der wahren Beschaffenheit; oft hingegen ist es unter der Würde eines rechtschaffenen Mannes, sich auf Erläuterungen einzulassen. Der Pöbel hört nicht auf, uns zu necken, wenn er sieht, dass dies uns anficht, und die Zeit pflegt, früh oder spät, die Wahrheit an das Licht zu ziehen."

Auch in der Nachbarschaft kann Gelassenheit bei Klatsch und Tratsch durchaus hilfreich sein; davon sangen „Die Ärzte" in „Lasse Reden" (Album: „Jazz ist anders", Hot Action Records 2008):

„Jetzt wirst du natürlich mit Verachtung gestraft, bist eine Schade für die ganze Nachbarschaft. Du weißt noch nicht einmal genau, wie sie heißen, während sie sich über dich schon ihre Mäuler zerreißen. ... Lass die Leute reden, denn wie das immer ist: Solang die Leute reden, machen sie nichts Schlimmeres. Und ein wenig Heuchelei kannst du dir durchaus leisten. Bleib höflich und sag nichts – das ärgert sie am meisten."

Gelassenheit ist grundsätzlich gut, im Geschäftsleben aber nicht immer ausreichend. Von Gerüchten Betroffene können sich nicht darauf verlassen, dass

- niemand den Schwachsinn glaubt (auch die dämlichsten und absonderlichsten Gedanken werden verbreitet, und wenn nur von Minderheiten – die aber mitunter den größten Lärm veranstalten),
- die Sache sich von selbst erledigt (das ist möglich, doch genauso wenig vorhersehbar wie das Auftreten des Gerüchts),

© Der/die Autor(en), exklusiv lizenziert durch Springer Fachmedien Wiesbaden GmbH, ein Teil von Springer Nature 2021
M. H. Kraus, *Gerüchte im Geschäftsleben. Vorbeugen, Entkräften, Widerlegen*, essentials, https://doi.org/10.1007/978-3-658-36245-4_4

- sie auf alle möglichen Nachfragen, Beschwerden und Vorwürfe im Tagesgeschäft fachlich vorbereitet sind und sich nichts vorzuwerfen haben (das heißt noch nicht, dass sie einem Gerücht mit den richtigen Mitteln begegnen).

Im Geschäftsleben ist es im Ernstfall erforderlich, Gerüchte, Behauptungen und Verleumdungen hinsichtlich ihrer Gefährlichkeit für das Unternehmen zu gewichten. Der Umgang mit ihnen ist Teil notwendiger Vorkehrungen gegen Störungen und Gefährdungen des betrieblichen Tätigkeitsbereichs und der unternehmerischen Schutzziele; er gehört zur *Krisenkommunikation* (Kraus 2021a):

Krisenkommunikation umfasst die Vermittlung von Lagebildern oder der Sach- und Rechtslage an Beteiligte und Betroffene in Zeiträumen mit besonderen, bedrohlichen Herausforderungen, wie Häufungen von Stör- oder Notfällen oder sonstigen Gefährdungslagen; Ziele sind ein gemeinsamer Kenntnisstand, die Erfüllung von Benachrichtigungs- und Meldepflichten sowie die Verständigung über das notwendige Vorgehen. Sie sollte als Teil eines ganzheitlichen Handlungsansatzes entwickelt werden, dabei kurz-, mittel- und langfristige Zeitrahmen berücksichtigen:

Langfristig schützt der Vertrauensvorschuss eines Unternehmens – ein guter Ruf in der Branche, eine gute Einbindung im Umfeld. Glaubwürdigkeit und Netzwerkarbeit sind dabei wohlgemerkt nicht mit Bekanntheit oder Marktanteil zu verwechseln: Bekannte, große Unternehmen ziehen mehr Kritik und Querulantentum auf sich als örtliche, mittelständische Unternehmen; dafür haben sie aber auch mehr Möglichkeiten, durch Öffentlichkeitsarbeit, Rechtsgutachten und ähnlich kostspielige Mittel gegenzusteuern.

Ebenso wichtig ist ein zeitgemäßes Betriebsklima der Offenheit und Mitwirkung: Beschäftigte, die für sich keine Entwicklungsmöglichkeiten im Unternehmen sehen, die von ihrer Arbeit entfremdet sind, werden sich wohl kaum gegen Gerüchte wehen, die ihr Unternehmen betreffen, sondern vielleicht selbst welche verbreiten – nach innen und außen. Unternehmen, deren „Personalpolitik" daraus besteht, Menschen gegeneinander auszuspielen, bieten an sich schon einen guten Nährboden für Vermutungen oder Unterstellungen und sind entsprechend anfällig für Angriffe von außen.

Mittelfristig ist Vorbeugung angezeigt; dies umfasst

- die Zusammenfassung sowohl der Öffentlichkeitsarbeit als auch der **Erfassung und Bearbeitung von Beschwerden in einem Punkt** (Stichwort *One Voice Policy*), der zeitnahen Rückmeldung an die Betroffenen über die Behebung sowie der Auswertung des Beschwerde- und Störfallaufkommens als

Zeitreihen, verbunden mit Regelungen für den Fall falscher und irreführender Gerüchte oder nachteiliger Pressemeldungen,

- ein Leitbild, das Verantwortungsbewusstsein nicht zuletzt für den **Umgang mit Betriebsgeheimnissen** fördert und fordert (Stichwort *Compliance*),
- die gewissenhafte Befolgung der **Berichtspflichten** nach dem HGB zu *Risikofaktoren* (Stichwort *Risk Management*), günstigstenfalls als Teil eines umfassenden *Qualitätssystems,* wobei die Erfassung und Gewichtung laufend fortzuschreiben ist,
- eine regelmäßige und gründliche **Pressebeobachtung,** um alle Nachrichten über das Unternehmen zeitnah zu erfassen, sowie
- eine sachgerechte und angemessene Kommunikation im Unternehmen sowie zwischen Unternehmen und Kunden, Lieferanten, Behörden, die stets verlässlich und auf das Wesentliche beschränkt sein sollte, um bei Bedarf auch unter Belastung zu gelingen. Geeignete und bewährte Bestandteile sind **Arbeitsberatungen** und **Betriebsversammlungen,** regelmäßige **Befragungen** von Beschäftigten/Kunden/Lieferanten, ein betriebliches **Vorschlagswesen,** in bestimmten Fällen *Hotlines/Help Desks/Call Center* sowie auf der Unternehmensseite im Netz *Frequently Asked Questions FAQ* zu bestimmten Tätigkeitsbereichen und Angeboten.

Schon heute ist von „Gerüchten als Waffe" die Rede (Stichworte *Manipulated Outrage, Shit Storm*); es gibt Beratungsunternehmen, die im Auftrag weit über Marktforschung hinaus im Netz und in Veröffentlichungen nach frühen Anzeichen für fehlerhafte Darstellungen und überzogene Vorwürfe suchen, aus denen Gerüchte entstehen können: Der Arbeitsaufwand ist durch das *World Wide Web* gestiegen; 24/7 kann irgendetwas passieren, das möglicherweise wahrgenommen, ausgewertet und richtiggestellt werden muss – und zwar zeitnah.

Kurzfristig, mit anderen Worten umgehend, muss gehandelt werden bei

- Ausgrenzungen und Streitigkeiten im Arbeitsumfeld (Stichwort *Mobbing*), nicht zuletzt aufgrund der unternehmerischen Fürsorgepflichten,
- Versuchen der Erpressung und Verleumdung, die sich gegen das Unternehmen richten,
- Falschdarstellungen mit erheblichen (drohenden oder eingetreten) Auswirkungen in der Presse oder im Netz.

Ein Gerücht muss als solches erkannt und dargestellt werden, um es eingrenzen zu können; Richtigstellungen oder Gegendarstellungen (*Dementi, frz. démentir,* widersprechen) müssen also

- schnell,
- sachlich richtig,
- rechtlich einwandfrei,
- verständlich und
- zielstrebig

erfolgen (und eben nicht zögerlich, widersprüchlich oder beleidigend). Gerüchte können durchaus mehrere Tage kursieren, ehe eine Geschäftsleitung aufmerksam wird; Beschäftigte, zumal mit Kundenverkehr, kennen die Nachricht oft schon früher. Der Schaden ist zunächst schwer zu beziffern, und doch muss es gelingen, die Deutungshoheit über den Sachverhalt zu gewinnen. Nun ist dies auch bei bestem Gewissen eine Gratwanderung:

- Wer sich zu früh äußert, zeigt möglicherweise, dass ein „wunder Punkt" getroffen wurde oder die eigene Marktstellung nicht sehr zuversichtlich eingeschätzt wird („Wer zuckt, hat verloren!"); wer sich zu spät äußert, verschwendet wertvolle Zeit zur Eindämmung der Gerüchte.
- Wer sich zu ausführlich äußert, macht sich verdächtig, vom Eigentlichen ablenken zu wollen; wer sich zu knapp äußert, hat vielleicht etwas zu verbergen und will sich nicht rechtlich angreifbar machen.
- Wer die falschen Mittel nutzt, erreicht entweder nicht die richtigen Leute oder vergrößert den Schaden: Es gibt noch mehr als Pressemitteilung, Strafanzeige und Schadenersatzklage.

Patentrezepte gibt es nicht, aber einen allgemeinen Handlungsrahmen zur Krisenkommunikation *(Checklisten im Anhang)*. Die alte *Eisenhower-Matrix* ist eine gute erste Entscheidungshilfe (Tab. 4.1); nützlich sind ferner Leitfragen wie

- Was geschieht, wenn wir handeln?
- Was geschieht, wenn wir *nicht* handeln?
- Was geschieht *nicht,* wenn wir handeln?
- Was geschieht *nicht,* wenn wir *nicht* handeln?

Naheliegend erscheint es, falsche oder verzerrte Darstellungen schnell zu berichtigen. Doch Gegendarstellungen treffen zumeist auf erschwerende Umstände, das bringt neue Tücken:

Tab. 4.1 Eisenhower-Matrix. Solche Einteilungen müssen umsichtig vorgenommen werden – stets im Bewusstsein, dass Entwicklungen immer im Fluss sind

Die Angelegenheit ist ...	... wichtig.	... nicht wichtig.
... dringend.	Das Gerücht betrifft das eigene Unternehmen, hat bereits Schäden verursacht und muss schnellstmöglich und wirksam widerlegt oder anderweitig entkräftet werden.	Das Gerücht betrifft Geschäftsfelder, Siedlungsräume oder Bevölkerungsgruppen, die derzeit für die eigene Tätigkeit nicht wesentlich sind; die Entwicklung muss jedoch beobachtet werden.
... nicht dringend.	Das Gerücht betrifft andere Unternehmen mit ähnlichen Vorhaben oder gesellschaftliche Entwicklungen, die das Geschäftsfeld beeinflussen können; die Entwicklungen müssen verfolgt und ausgewertet werden.	Das Gerücht betrifft Sachverhalte und Entwicklungen, die das eigene Unternehmen und seine Geschäftsfelder nicht beeinträchtigen; Maßnahmen sind derzeit nicht erforderlich.

- Gerüchte sind einprägsam, unterhaltsam, kurz, lebendig; Berichtigungen und Erklärungen wirken oft umständlich, bemüht, gezwungen und viel weniger lebendig.
- Gerüchte sind schnelle Erscheinungen; jede Antwort darauf kommt aber naturgemäß zeitverzögert, wenn bereits Schaden entstanden ist.
- Gerüchte „kommen auf den Punkt"; eine Gegendarstellung ist schon aus sachlichen und rechtlichen Gründen meist nicht ganz so knapp und eingängig.
- Gerüchte erreichen in kurzer Zeit viele Menschen, ohne festgeschriebenen Regeln zu folgen; die Öffentlichkeitsarbeit eines Unternehmens ist vergleichsweise stark in Regeln eingebunden und wird selten alle erreichen, die vorher vom Gerücht erreicht wurden (schon weil der Kreis der Beteiligten nicht völlig bekannt ist).
- Gerüchte zu verneinen kann mitunter nachteilig wirken: Das Gerücht wird durch Wiederholung noch bekannter – und wer etwas verneint, bestreitet, leugnet, muss sich zwangsläufig darauf beziehen: Die Kunst besteht also darin, zu widerlegen ohne zu wiederholen.
- Gerüchte sind mitunter schwer angreifbar: Verursacher bleiben verborgen, können also nicht rechtlich belangt werden. „Man sagt, dass …" ist sowieso nicht zu widerlegen (die Leute sagen es ja).

- Gerüchte werden niederschwellig weitergegeben, weil sie von vertrauenswürdigen Menschen aus dem Umfeld oder gewohnten Quellen kommen; die Öffentlichkeitsarbeit eines Unternehmens wirkt auf einer anderen Ebene.
- Gerüchte kommen ohne Begründungen daher – Richtigstellungen hingegen erfordern genau solche. Dies verlockt zu Debatten über Grundsätzliches (Weltanschauungen, Glaubensfragen, Grundrechte), wobei Sachfragen mitunter „zerredet" werden und letztlich der Eindruck entsteht, an dem Gerücht wäre sicher einiges übertrieben, es stimme aber im Großen und Ganzen.
- Gerüchte erzeugen Gruppen von Beteiligten, die dank Vernetzung größer wirken als sie sind; die „schweigende Mehrheit" bleibt im Hintergrund und ist kaum einzuschätzen. So kann ein Gerücht den Anschein eines Mehrheitswillens erzeugen, wodurch ein Unternehmen unter Druck gerät – obwohl nur eine Minderheit „wühlt", während den allermeisten das Gerücht gleichgültig ist.
- Gerüchte über Unternehmen leben oft von einem grundsätzlichen Misstrauen gegen diese Unternehmen oder die Branche, im Einzelfall vielleicht beruhend auf schlechten Erfahrungen. Dies mindert grundsätzlich die Erfolgsaussichten, sich gegen Gerüchte zu wehren.

So entsteht ein Handlungsrahmen; nach einem zehnstufigen *Strategiemodell* (*Heuristik* oder Entscheidungshilfe) haben Menschen (und Unternehmen) grundsätzlich zehn Möglichkeiten, Herausforderungen zu begegnen (Abb. 4.1). Im Fall eines umstrittenen, von Gerüchten begleiteten Sanierungs-/Bauvorhabens oder einer Gewerbesiedlung etwa sind folgende denkbar:

- **Aussitzen/Abwarten.** Das Gerücht wird „beobachtet"; es wird darauf gewartet, dass es verschwindet oder die Beteiligten sich lächerlich machen. Das kann gelingen – oder dazu führen, dass die Beteiligten erst recht Aufmerksamkeit oder gar eine Opferrolle erlangen. Jedoch sorgt die Schnelligkeit der Abläufe in einer modernen Gesellschaft meist dafür, dass die Leute schon bald über etwas Neues aufregen. Vorsicht ist geboten, wenn Gerüchte betont gelassen oder witzig überspielt werden sollen: Nicht alle Menschen kennen die feinen Unterschiede zwischen *Humor, Ironie* und *Sarkasmus.*
- **Bestätigen.** Das Gerücht über das Unternehmen wird als richtig dargestellt, die Sach- und Rechtslage erläutert. Sofern es Fehlverhalten seitens des Unternehmens gegeben hat, wird dieses (nach rechtlicher Beratung) eingeräumt und Verbesserungen angekündigt, verbunden mit einer Entschuldigung bei den Betroffenen.
- **Einordnen.** Das Gerücht wird je nach Sachlage bestätigt oder bestritten, dabei wird es in einem größeren Zusammenhang dargestellt. Handelt es sich etwa um

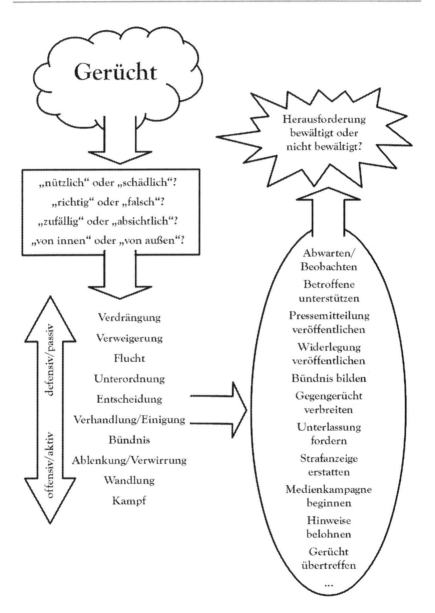

Abb. 4.1 Umgang mit Gerüchten. Nicht jede Handlungsmöglichkeit ist im Einzelfall gleichermaßen sinnvoll; es gilt umsichtig abzuwägen

Bauverzögerungen, wechselten Eigentümer oder Bauträger, sollte ein Zeitplan der Maßnahmen, verbunden mit Erläuterungen, veröffentlicht werden – auch, wenn dies schon einmal geschehen ist. Bedenken und Befürchtungen müssen mit den Betroffenen in einem angemessenen Rahmen gründlich erörtert werden.

- **Bestreiten/Widerlegen.** Das Gerücht wird als falsch bezeichnet, die Sach- und Rechtslage wird erläutert; Fehldarstellungen insbesondere in der Presse werden berichtigt – verbunden mit der Bitte, Rückfragen oder Hinweise an die Geschäftsleitung (oder Öffentlichkeitsarbeit) zu richten. Gelingt dies überzeugend, erscheinen die Nachricht oder ihre Urheber als wenig glaubwürdig; wenn nicht, hat das Gerücht mehr Aufmerksamkeit erhalten: Es wurde aufgewertet.

- **Ablenken.** Das Gerücht wird weder bestätigt noch bestritten, sondern es wird über Urheber und Hintergründe gemutmaßt, um ein Gerücht über ein Gerücht zu verbreiten (*„Wir haben dieses Gerücht nicht in die Welt gesetzt. Doch ist es ganz offensichtlich, dass …“ – „Das diese Nachricht uns gerade jetzt erreicht, ist nicht verwunderlich, denn schon lange …“*)

- **Übertreffen.** Das Gerücht wird durch eine aufsehenerregende Ankündigung überspielt, dabei gegebenenfalls „nebenbei" bestätigt. Das kann im guten Sinne geschehen, wenn es um ein neues Vorhaben oder eine Erfolgsmeldung geht, oder im schlechten Sinne, um Beschäftigte und Anteilseigner auf schlechte Nachrichten vorzubereiten und damit den Schrecken etwas zu mindern. Im ersteren Fall sollte die angekündigte neue Entwicklung tatsächlich geplant und nicht spontan als Ablenkung erfunden sein.

- **Aufdecken/Verhandeln.** Das Gerücht wird als falsch dargestellt, gleichzeitig angekündigt, in Zusammenarbeit mit Gemeindeverwaltung, Fachbehörden, Bürgervereinen oder Wohlfahrtsverbänden im Umfeld des Vorhabens alle strittigen Fragen angemessen zu behandeln und nach Lösungen zu suchen. So wird öffentlichkeitswirksam gezeigt, dass das Unternehmen keine Veranlassung hat, etwas zu verschweigen oder zu verschleiern.

- **Überzeugen.** Sofern eigene Fehlleistungen zum Entstehen des Gerüchts beigetragen haben, können umfassende Veränderungen etwa beim Marktauftritt oder der Öffentlichkeitsarbeit angezeigt sein, beispielsweise verbunden mit dem Engagement im Umfeld (Umweltschutz, Gemeinwesenarbeit).

- **Kämpfen.** Das Gerücht wird als falsch bezeichnet, es wird auf laufende behördliche und gerichtliche Verfahren verwiesen. Gegebenenfalls werden Strafanzeigen, Schadenersatzklagen sowie eine Belohnung für sachdienliche Hinweise zur Aufklärung der Angelegenheit angekündigt. Übertreibung wirkt jedoch nachteilig: Lässt man sich zu Mutmaßungen über Verschwörungen

hinreißen, erscheint dies nach außen vielleicht ähnlich fragwürdig wie das
ursprüngliche Gerücht.

- **Gegengerücht verbreiten.** Der Versuch, die mutmaßlichen Verursacher eines
  Gerüchts durch ein gegensätzliches Gerücht auszubremsen oder lächerlich zu
  machen, kann leicht in rechtliche und moralische Grauzonen führen oder bei
  einem sehr plumpen Ansatz den Schaden vergrößern. Ferner bedeutet diese
  Handlungsweise, dass man sich der gleichen zweifelhaften Mittel bedient wie
  die Gegenseite.

Was auch immer unternommen wird, muss möglichst „aus der Bewegung her-
aus" geschehen und darf nicht den Eindruck erwecken, man wäre von den
Entwicklungen getrieben (Stichwort *Aktionismus*). Die Deutungshoheit über
das gerüchtauslösende Moment und die weiteren Entwicklungen muss alsbald
(wieder-)erlangt werden. Beim Versuch, Gerüchte zu entkräften, ist es übrigens
wenig sinnvoll, sich auf Begriffe von „Wahrheit" zu beziehen; diese erscheinen häufig in öffentlichen Debatten, sind aber so trügerisch und vieldeutig wie
„Gerechtigkeit" oder „Freiheit". Wahrheit war und ist zu allen Zeiten abhängig
von den Umständen, Wertvorstellungen und Glaubenssätzen der Menschen. Sie
ist keine alltagstaugliche Größe, und die Suche nach ihr zeigt vor allem Sehn-
sucht nach Verlässlichkeit, Klarheit, Eindeutigkeit. Auch der Begriff „Vertrauen"
kann nicht immer Hoffnung spenden; kann man doch auch auf Schlechtes oder
Falsches vertrauen, auf Scheitern und Versagen.

Zusammenfassung

„Ein Gerücht sagt mehr über die, die es verbreiten, als über die, die es trifft."

„Böses Gerücht nimmt immer zu, gutes Gerücht kommt bald zur Ruh."

„Gericht und Urteil gehören zusammen wie Gerücht und Vorurteil."

„Gerüchte zu verbreiten, heißt nichts zu sagen, aber möglichst ausführlich."

„Zwei Halbwahrheiten ergeben noch keine ganze Wahrheit."

„Nimm dich in Acht, Gerüchte trügen: Vom Hörensagen lernt man lügen!"

„Kleine Gerüchte verbreiten sich schneller als große Wahrheiten."

„Geld und Gerüchte bringt man leicht unter die Leute."

„Gerüchte sind immer größer als die Wahrheit."

„Gerüchte werden von Neidern erfunden, von Müßigen verbreitet und von Dummen geglaubt."

Es gibt etliche Sprichwörter über Gerüchte. Auch dies zeigt, dass schon die Altvorderen lernen mussten, mit Klatsch und Tratsch, mit Gerüchten und Unterstellungen zurechtzukommen. Gerüchte wird es geben, so lange es Menschen gibt; sie entstehen zwangsläufig in allen Gesellschaften, sind Teil der Gruppen- und Meinungsbildung. Die Entstehung einer Weltgesellschaft mit etwa 9½ Mrd. Menschen um 2050 wird künftigen Gerüchten noch einmal andere Größenordnungen verleihen. Was Menschen nur teilweise wahrnehmen und verstehen, ergänzen sie mehr oder minder bewusst – und mit nicht immer erfreulichen Ergebnissen. Moderne Massengesellschaften lassen sich aber kaum eindeutiger und übersichtlicher gestalten; es bleiben Grauzonen des alltäglichen Missverstehens. Das kann

© Der/die Autor(en), exklusiv lizenziert durch Springer Fachmedien Wiesbaden GmbH, ein Teil von Springer Nature 2021
M. H. Kraus, *Gerüchte im Geschäftsleben. Vorbeugen, Entkräften, Widerlegen*, essentials, https://doi.org/10.1007/978-3-658-36245-4_5

im Geschäftsleben auch dazu genutzt werden, Unternehmen unter Druck zu setzen oder vom Markt zu drängen.

Schon die Notwendigkeit, dass moderne Menschen Tag für Tag verschiedene Rollen ausfüllen, mehreren Netzwerken angehören und zahlreiche Anforderungen erfüllen müssen, zwingt sie, Nachrichten über all dies zu konsumieren. Das gelingt mehr schlecht als recht; oft muss man vertrauen, ohne überprüfen zu können. Menschen nehmen Nachrichten für wahr nicht aufgrund von Erfahrung und Wissen, sondern weit öfter aus Gewohnheit, Bequemlichkeit, Überforderung; die meisten Fachgebiete werden schon von den Fachleuten nur mühsam beherrscht. Daher sind große Teile der Gesellschaft anfällig für Flüchtigkeitsfehler und Nachlässigkeit, damit eben auch für Gerüchte. Sie zeigen Freiheitsgrade von Gesellschaften (von Demokratien wie Diktaturen), damit auch deren Reibungsverluste. Die Bedeutung und Wirkung, die Häufigkeit und Verbreitung von Gerüchten werden in den kommenden Jahrzehnten eher zunehmen als schwinden, schon durch die wachsende Weltbevölkerung, die weitere Vernetzung und die weltweiten gesellschaftlichen Spannungen.

Im Falle eines Falles überwiegen im betrieblichen und geschäftlichen Umfeld die Sorgen, dass Gerüchte Schäden anrichten, die es abzuwehren, einzuschränken und zu bewältigen gilt. Doch wie aus dem *Guerilla-Marketing* vergangener Jahrzehnte bekannt, kann selbst ein „Skandal" letztlich mehr Nutzen als Schaden bringen, wenn dadurch Aufmerksamkeit für ein Vorhaben, eine Marke (wieder-) entsteht. So mag öffentlichkeitswirksamer Widerstand gegen ein Neubauvorhaben für die Einen der Ausdruck von bürgerschaftlichem Engagement sein – den Anderen vermittelt er schlicht die Botschaft, dass dort neue Wohnungen oder Gewerberäume entstehen, die es schnellstmöglich zu besichtigen gilt. Einzelne Gruppen der Bevölkerung sacht von sich weg, andere zu sich hin zu lenken, gehört auch zur Markenpflege und zur Markterschließung.

Gerüchte können einen Wert haben. Wird beispielsweise Wissen verstanden als das, was in einem bestimmten Umfeld und Zeitraum mehrheitlich als „richtig" oder „wahr", hilfsweise als „gut" der „nützlich" anerkannt ist (günstigstenfalls als wissenschaftlich begründbar oder rechtlich abgesichert), kann ein Gerücht durchaus Wissen vermitteln – und zwar mehrfach:

- Der Inhalt des Gerüchts ist zutreffend und verwertbar, bezieht sich also auf Tatsachen (der Börsenhandel bietet hierfür hinreichend Beispiele).
- Das Aufkommen des Gerüchts ermöglicht Rückschlüsse auf die Verhältnisse im betroffenen Unternehmen oder Siedlungsraum, die Befindlichkeiten und Denkmuster der Beteiligten – und kann im Wettbewerb ausgenutzt werden.

- Die Verbreitung und die Wirkungen eines Gerüchts ermöglichen, aus Erfahrungen (auch denen anderer!) zu lernen und für ähnliche Fälle gerüstet zu sein.

Drei grundsätzliche Anmerkungen sollen diese Ausführungen abschließen: Gerüchte vermögen Schadwirkungen zu entfalten, jedoch auch unternehmerische Veränderungen zu befördern, die sich letztlich als befreiend und notwendig erweisen. So ist es in mitarbeitergeführten oder selbstverwalteten Unternehmen (Vereine, Genossenschaften) durchaus möglich, dass Einzelne durch Gerüchte (oder vielmehr die zugrunde liegenden Fehlentwicklungen im Unternehmen) angespornt werden, selbst Verantwortung in Lenkungs- und Leitungsgremien zu übernehmen, um nicht „Opfer" von Entwicklungen zu werden. Gerüchte sind oft Zeichen und Begleiterscheinung neuer Entwicklungen.

Gerüchte erfüllen, zumal wenn sie Ängste und Befürchtungen auslösen, oft das *Thomas-Theorem* (1928) nach den Soziologen Dorothy S. Thomas (1899–1977) und William I. Thomas (1863–1947): Beeinflusst der Glaube an Bedrohungen erst einmal das Leben, ist es irgendwann gleichgültig, ob die Angst berechtigt, wissenschaftlich begründbar oder „vernünftig" ist. Sie wird zu einer Art von Wirklichkeit. Gruppendruck und Erwartungshaltungen bereiten den Weg für „gefühltes Wissen". So können Gerüchte in gesellschaftlich bereits angespannten Zeiten Handlungen bewirken, die nicht berechenbar sind. Ähnliches gilt für Menschen in schwierigen Lebenslagen, die sich verzweifelt an eine bestimmte Hoffnung klammern und dabei Lebenserfahrung ausblenden. Übrigens prägte der ebenfalls US-amerikanische Schriftsteller Norman Mailer (1923–2007) 1973 den heute fast vergessenen, sehr treffenden Begriff *factoid* für falsche Behauptungen und Nachrichten, die durch ihre Veröffentlichung zu „gefühlten" Wahrheiten werden (später wurde der Begriff in den USA auch für richtige, „kleine" Nachrichten benutzt).

Die Nutzung von *Social Media* zur Widerlegung von Gerüchten darf nicht erst mit einem Störfall beginnen, sie gelingt nur als Teil einer gut durchdachten und auf die Bedürfnisse des Unternehmens abgestimmten *Kommunikationsstrategie,* die sowohl das Tagesgeschäft umfasst als auch Abweichungen davon *(Checkliste im Anhang).* Plattformen müssen mit Bedacht ausgewählt, Kanäle regelmäßig gepflegt und beschickt werden, Zielgruppen müssen bekannt sein. Es geht um Austausch und Selbstdarstellung, nicht nur um schlichte Werbung zur Kundenbindung wie in früheren Jahrzehnten.

Anhang

Checklisten Krisenkommunikation

Nachfolgende Auflistungen bieten lediglich Vorlagen, die an die Bedürfnisse des jeweiligen Unternehmens angepasst werden müssen – unter Berücksichtigung bisheriger Erfahrungen mit Gerüchten oder Störfällen. Erforderlich ist ein Bewusstsein dafür, dass

- die verschiedenen „Zielgruppen" (Beschäftigte, Kunden, Lieferanten, Aufsichtsbehörden, Bürgermeister/Stadträte, Presse, „Öffentlichkeit") teils ganz unterschiedliche Bedürfnisse haben und von aufgekommenen Gerüchten auch ganz unterschiedlich beeinflusst werden,
- es gerade unter Erwartungs- und Zeitdruck besser ist, derzeit noch vorhandene Wissenslücken zu benennen als forsch Dinge zu behaupten, die später zusätzlich zum Gerücht richtiggestellt werden müssen,
- auch die Gefühle der vom Gerücht erreichten und betroffenen Menschen angesprochen werden müssen; Fachwissen und Rechtsbeistand genügen nicht.

Nach einer Faustregel muss in einem Zeitraum von <1 Woche schnell und zielgerichtet auf unternehmensgefährdende Gerüchte eingegangen werden, ein anschließender Zeitraum von 1–2 Wochen ist für umfassendere Gegenmaßnahmen erforderlich, und ab >2 Wochen lässt die öffentliche Aufmerksamkeit nach (sofern die betreffende Angelegenheit sich nicht dramatisch entwickelt).

© Der/die Herausgeber bzw. der/die Autor(en), exklusiv lizenziert durch Springer Fachmedien Wiesbaden GmbH, ein Teil von Springer Nature 2021 M. H. Kraus, *Gerüchte im Geschäftsleben. Vorbeugen, Entkräften, Widerlegen*, essentials, https://doi.org/10.1007/978-3-658-36245-4

Nach den Landespressegesetzen sind Unternehmen, anders als Behörden, nicht zu bestimmten Auskünften verpflichtet; doch empfiehlt es sich, hier von Anfang an förderlich zusammenzuwirken.

Grundsätzliche Regelungen (Kraus 2021a)

- Wie ist die Einheitlichkeit des Auftritts nach innen und außen im Tagesgeschäft gewährleistet, eignet sich die Verfahrensweise auch für Notfälle?
- Können der Eingang von Beschwerden, das Aufkommen von Gerüchten sowie die entsprechenden Maßnahmen jederzeit – insbesondere durch die Geschäftsleitung – nachverfolgt werden?
- Gibt es eine Verteilerliste (Presse, Behörden, Fachverbände) für größere Stör-/Notfälle, die das Unternehmen betreffen können?
- Gibt es für Stör- und Notfälle eine festgelegte Reihenfolge der Benachrichtigung einschließlich der Beteiligungs- und Meldepflichten (Betroffene, Fachbehörden, Betriebsrat, Presse, …)?
- Gibt es eine Verfahrensweise zur Erstellung, Fortschreibung und Verwendung von Lagebildern (Abstimmung Geschäftsleitung – Fachbereiche, Öffentlichkeitsarbeit in größeren Unternehmen)?
- Gibt es Muster für Sprachregelungen und Pressemitteilungen (Verweis auf laufende Verfahren, Zuständigkeit der Behörden, …)?
- Wird die Berichterstattung der Presse über das Unternehmen regelmäßig anhand von Veröffentlichungen verfolgt und ausgewertet?
- Kann im Einzelfall kurzfristig eine Gesprächsrunde mit Presse und Behörden durchgeführt werden (Räumlichkeiten im Unternehmen)?
- Gibt es eine geregelte Verfahrensweise für mündliche/schriftliche Nachfragen? Gibt es Erfahrungen aus früheren Ereignissen? Gelingt es, in das Unternehmen getragenen Behauptungen/Gerüchten/Vorwürfen schnell und glaubhaft zu begegnen?
- Gibt es aussagekräftige Unterlagen (Zahlen, Bilder) über das Unternehmen für die Presse (Pressemappe)?

Aufkommen eines Gerüchts (Lagebild)

- In welcher Gestalt erscheint das Gerücht (Verbreitung durch Gespräche, Druckwerke, im Netz)?
- Seit wann kursiert das Gerücht, und wann ist es der Geschäftsleitung bekannt geworden?

- Wo kursiert das Gerücht (Nah-/Fernwirkung; Orte, Gruppen)? Wer ist daran beteiligt, was ist über wen und durch wen im Umlauf?
- Ist das Gerücht richtig oder falsch, ist es nützlich oder schädlich für das Unternehmen?
- Können Urheber/Ursachen eingegrenzt werden (im Unternehmen oder außerhalb des Unternehmens)?
- Gibt es eine Vorgeschichte, die zur Entstehung beigetragen haben könnte (Störfälle, Vertragskündigungen, Streitigkeiten, Gerichtsverfahren, Wahlkampf, …)?
- Geht es um strafbare/anzeigepflichtige Sachverhalte? Werden durch die Verbreitung des Gerüchts oder seine Auswirkungen Rechte verletzt?
- Welche Schadwirkungen für das Unternehmen oder einzelne Betroffene (Beschäftigte, Kunden, Lieferanten) sind eingetreten oder absehbar (Auftragsrückgang, Ermittlungen durch Behörden)?
- Gibt es Erfahrungen mit ähnlichen Gerüchten in früherer Zeit?
- Welche Entscheidungen und Maßnahmen sind kurzfristig angezeigt?

Abhängig vom Ausmaß der Angelegenheit sind eine Rechtsfolgen- und Schadenssummen-Abschätzung vorzunehmen und laufend weiterzuführen – soweit möglich mit Gewichtungen der geringst- und höchstmöglichen Auswirkungen *(Best Case/Worst Case)*.

Nachbereitung

- Was ist uns gut gelungen, was ist verbesserungsfähig?
- War dies ein einmaliges Ereignis, oder fügt es sich in bestehende Erfahrungen? Was ist im letzteren Fall der Lernfortschritt?
- Ist mit einer Wiederholung zu rechnen?
- Was haben wir über unsere Schwachstellen gelernt, und wie können diese durch Gerüchte getroffen werden?
- Was oder wer war in dieser Lage am verlässlichsten und am wirksamsten (Zusammenhalt der Beschäftigten, Unterstützung von Behörden, Umgang mit der Presse, …)?

Nutzung von *Social Media*

- Welche Plattformen, welche Kanäle sind für das Unternehmen sinnvoll – hinsichtlich des Geschäftsfeldes, aber auch des zu betreibenden Aufwands für die Öffentlichkeitsarbeit (Ziele, Zielgruppen, …)?

- Kann im Tagesgeschäft, aber auch in Stör- und Notfällen der erforderliche Aufwand geleistet werden (Inhalte, Arbeitszeit, Kosten, Aufträge an Dienstleister)? Wer im Unternehmen kann regelmäßig das Angebot betreuen?
- Wie kann der Nutzen entsprechender Lösungen und Angebote regelmäßig gemessen und angepasst werden?
- Wie können die Plattformen/Kanäle unter erschwerten Bedingungen genutzt werden (Stromausfall, *Cyber Attack*, …)?
- Wie soll vom Tagesgeschäft auf die Bewältigung von Stör- und Notfällen umgestellt werden?
- Welche Inhalte werden in welcher Form eingestellt (Grafik, Text, Audio/Video, *Streams/Feeds*, …), und wie werden die Urheberrechte sowie die sachliche Richtigkeit gewährleistet?
- Wie soll der Austausch mit den Zielgruppen geschehen, wie werden Anfragen/Beschwerden/Aufträge bearbeitet?
- Sofern Foren angeboten werden: Wie werden rechtswidrige oder falsche Beiträge zeitnah erkannt und gegebenenfalls gelöscht?
- Wie wird gewährleistet, dass Öffentlichkeitsarbeit und Tagesgeschäft ineinandergreifen (sodass Fehlentwicklungen nicht nur bemerkt, sondern auch behandelt werden)?
- Welche Kanäle werden von welchen Zielgruppen genutzt, und welche Folgen hat dies für den Umgang mit Beschwerden/Vorwürfen/Falschmeldungen?

Übungen zur Selbstbefragung

Folgende Übungen haben sich in Schulungen bewährt, um Menschen auf eventuelle Neigungen zu hinderlichen Glaubenssätzen aufmerksam zu machen (Kraus 2019): Wer übermäßig besorgt, ängstlich, vorsichtig oder auch feindselig, misstrauisch, abweisend ist, erweist sich oft als anfällig für Gerüchte. In der ersten Übung nach Albert Ellis (1913–2007), Begründer der Rational-Emotiven Therapie, gilt es zu prüfen, ob man sich von bestimmten Glaubenssätzen leiten lässt: Woran erkennt man dies, und was kann das unter Belastung bewirken?

- *Es ist für mich als Erwachsenen notwendig, von den bedeutenden Menschen in meinem Umfeld geliebt oder zumindest geschätzt zu werden.*
- *Es ist gerade in der heutigen Zeit schlimm, wenn sich die Dinge nicht so lenken lassen, wie ich es für richtig halte.*

- *Über drohende Störungen und Gefahren muss ich mir stets klar sein und alle notwendigen Vorkehrungen treffen.*
- *Es ist wichtig für mich, nach dem Weg des geringsten Widerstandes zu suchen und Schwächen anderer auszunutzen.*
- *Für jedes Problem gibt es eine richtige und endgültige Lösung und es ist für mich wichtig, diese zu finden.*
- *Ich muss in jedem Bereich meines Lebens entscheidungsstark und leistungsfähig sein, um mich selbst anzuerkennen und von anderen anerkannt zu werden.*
- *Störungen und Behinderungen kommen immer von außen, von anderen und den „schlechten Zeiten".*
- *Was mich von außen beeinflussen kann, wird dies auch früher oder später tun.*
- *Es ist wichtig, dass ich mich an erfolgreichen und führungsstarken Menschen ausrichte, um ebenso erfolgreich zu sein.*
- *Richtig ist richtig und falsch ist falsch, das darf ich nie vergessen.*

In der zweiten Übung („Paranoia-Format") nach dem Schriftsteller Robert A. Wilson (1932–2007), die einzeln oder in Kleingruppen durchgeführt werden kann, geht es um einen Wechsel der Einstellung und damit der Wahrnehmung:

- *Was lässt mich annehmen, dass ich von Menschen in meiner Umgebung misstrauisch beobachtet oder gar überwacht werde? Wer sind diese Leute, was könnten die Gründe sein? Gab es in der letzten Zeit solche Erlebnisse?*
- *Welches Verhalten, welche Geschehnisse könnten dazu geführt haben? Wann war das? Was hat sich in meinem Leben dadurch geändert?*
- *Wie kann ich damit umgehen? Was macht das mit mir?*
- *Kann ich mir vorstellen, von den meisten Menschen in meiner Umgebung geschätzt und anerkannt zu werden? Woran würde ich das bemerken, wie würde sich das anfühlen? Wann habe ich das schon erlebt?*
- *Welche meiner Eigenschaften und Fähigkeiten könnten das bewirken? Wie könnte ich das fördern? Was würde sich dadurch in meinem Leben ändern?*

Auszüge aus Rechtsgrundlagen

Ein Gerücht kann Rechte Betroffener verletzen, darauf beziehen sich die folgenden Vorschriften aus dem Bürgerlichen Gesetzbuch und dem Strafgesetzbuch:
„1. Wer der Wahrheit zuwider eine Tatsache behauptet oder verbreitet, die geeignet ist, den Kredit eines anderen zu gefährden oder sonstige Nachteile für dessen

Erwerb oder Fortkommen herbeizuführen, hat dem anderen den daraus entstehenden Schaden auch dann zu ersetzen, wenn er die Unwahrheit zwar nicht kennt, aber kennen muss. 2. Durch eine Mitteilung, deren Unwahrheit dem Mitteilenden unbekannt ist, wird dieser nicht zum Schadensersatz verpflichtet, wenn er oder der Empfänger der Mitteilung an ihr ein berechtigtes Interesse hat" (§ 824 BGB Kreditgefährdung).

„1. Wer einen anderen bei einer Behörde oder einem zur Entgegennahme von Anzeigen zuständigen Amtsträger ... oder öffentlich wider besseres Wissen einer rechtswidrigen Tat oder der Verletzung einer Dienstpflicht in der Absicht verdächtigt, ein behördliches Verfahren oder andere behördliche Maßnahmen gegen ihn herbeizuführen oder fortdauern zu lassen, wird mit Freiheitsstrafe bis zu fünf Jahren oder mit Geldstrafe bestraft. 2. Ebenso wird bestraft, wer in gleicher Absicht bei einer der ... bezeichneten Stellen oder öffentlich über einen anderen wider besseres Wissen eine sonstige Behauptung tatsächlicher Art aufstellt, die geeignet ist, ein behördliches Verfahren oder andere behördliche Maßnahmen gegen ihn herbeizuführen oder fortdauern zu lassen" (§ 164 StGB Falsche Verdächtigung).

„Wer in Beziehung auf einen anderen eine Tatsache behauptet oder verbreitet, welche denselben verächtlich zu machen oder in der öffentlichen Meinung herabzuwürdigen geeignet ist, wird, wenn nicht diese Tatsache erweislich wahr ist, mit Freiheitsstrafe bis zu einem Jahr oder mit Geldstrafe und, wenn die Tat öffentlich oder durch Verbreiten von Schriften ... begangen ist, mit Freiheitsstrafe bis zu zwei Jahren oder mit Geldstrafe bestraft" (§ 186 StGB Üble Nachrede).

„Wer wider besseres Wissen in Beziehung auf einen anderen eine unwahre Tatsache behauptet oder verbreitet, welche denselben verächtlich zu machen oder in der öffentlichen Meinung herabzuwürdigen oder dessen Kredit zu gefährden geeignet ist, wird mit Freiheitsstrafe bis zu zwei Jahren oder mit Geldstrafe und, wenn die Tat öffentlich, in einer Versammlung oder durch Verbreiten von Schriften ... begangen ist, mit Freiheitsstrafe bis zu fünf Jahren oder mit Geldstrafe bestraft" (§ 187 StGB Verleumdung).

„Ist die behauptete oder verbreitete Tatsache eine Straftat, so ist der Beweis der Wahrheit als erbracht anzusehen, wenn der Beleidigte wegen dieser Tat rechtskräftig verurteilt worden ist. Der Beweis der Wahrheit ist dagegen ausgeschlossen, wenn der Beleidigte vor der Behauptung oder Verbreitung rechtskräftig freigesprochen worden ist" (§ 190 StGB Wahrheitsbeweis durch Strafurteil).

„Der Beweis der Wahrheit der behaupteten oder verbreiteten Tatsache schließt die Bestrafung ... nicht aus, wenn das Vorhandensein einer Beleidigung aus der Form der Behauptung oder Verbreitung oder aus den Umständen, unter welchen sie geschah, hervorgeht" (§ 192 StGB Beleidigung trotz Wahrheitsbeweises).

Wegen des im Geschäftsleben mitunter engen Zusammenhangs zwischen Gerüchten und Geheimnissen, oder vielmehr deren Offenbarung, folgen hier einige einschlägige Bestimmungen aus dem Strafgesetzbuch und dem neuen Geschäftsgeheimnisgesetz. Das Spannungsfeld des Geheimnisverrats zur Aufdeckung rechtswidriger Handlungen wird in der letzten Fundstelle berührt (Stichworte *Leaking, Whistle Blowing*):

„(1) Wer unbefugt ein fremdes Geheimnis, namentlich ein zum persönlichen Lebensbereich gehörendes Geheimnis oder ein Betriebs- oder Geschäftsgeheimnis, offenbart, das ihm als

1. Arzt, Zahnarzt, Tierarzt, Apotheker oder Angehörigen eines anderen Heilberufs, der für die Berufsausübung oder die Führung der Berufsbezeichnung eine staatlich geregelte Ausbildung erfordert, 2. Berufspsychologen mit staatlich anerkannter wissenschaftlicher Abschlussprüfung,

3. Rechtsanwalt, Kammerrechtsbeistand, Patentanwalt, Notar, Verteidiger in einem gesetzlich geordneten Verfahren, Wirtschaftsprüfer, vereidigtem Buchprüfer, Steuerberater, Steuerbevollmächtigten oder Organ oder Mitglied eines Organs einer Rechtsanwalts-, Patentanwalts-, Wirtschaftsprüfungs-, Buchprüfungs- oder Steuerberatungsgesellschaft, 4. Ehe-, Familien-, Erziehungs- oder Jugendberater sowie Berater für Suchtfragen in einer Beratungsstelle, die von einer Behörde oder Körperschaft, Anstalt oder Stiftung des öffentlichen Rechts anerkannt ist,

5. Mitglied oder Beauftragten einer anerkannten Beratungsstelle nach den §§ 3 und 8 des

Schwangerschaftskonfliktgesetzes, 6. staatlich anerkanntem Sozialarbeiter oder staatlich anerkanntem Sozialpädagogen oder 7. Angehörigen eines Unternehmens der privaten Kranken-, Unfall- oder Lebensversicherung oder einer privatärztlichen, steuerberaterlichen oder anwaltlichen Verrechnungsstelle anvertraut worden oder sonst bekanntgeworden ist, wird mit Freiheitsstrafe bis zu einem Jahr oder mit Geldstrafe bestraft.

(2) Ebenso wird bestraft, wer unbefugt ein fremdes Geheimnis, namentlich ein zum persönlichen Lebensbereich gehörendes Geheimnis oder ein Betriebs- oder Geschäftsgeheimnis, offenbart, das ihm als 1. Amtsträger, 2. für den öffentlichen Dienst besonders Verpflichteten, 3. Person, die Aufgaben oder Befugnisse nach dem Personalvertretungsrecht wahrnimmt, 4. Mitglied eines für ein Gesetzgebungsorgan des Bundes oder eines Landes tätigen Untersuchungsausschusses, sonstigen Ausschusses oder Rates, das nicht selbst Mitglied des Gesetzgebungsorgans ist, oder als Hilfskraft eines solchen Ausschusses oder Rates, 5. öffentlich bestelltem Sachverständigen, der auf die gewissenhafte Erfüllung seiner Obliegenheiten aufgrund eines Gesetzes förmlich verpflichtet worden ist, oder 6. Person, die auf die

gewissenhafte Erfüllung ihrer Geheimhaltungspflicht bei der Durchführung wissenschaftlicher Forschungsvorhaben auf Grund eines Gesetzes förmlich verpflichtet worden ist, anvertraut worden oder sonst bekanntgeworden ist. Einem Geheimnis im Sinne des Satzes 1 stehen Einzelangaben über persönliche oder sachliche Verhältnisse eines anderen gleich, die für Aufgaben der öffentlichen Verwaltung erfasst worden sind; ...

(4) Mit Freiheitsstrafe bis zu einem Jahr oder mit Geldstrafe wird bestraft, wer unbefugt ein fremdes Geheimnis offenbart, das ihm bei der Ausübung oder bei Gelegenheit seiner Tätigkeit als mitwirkende Person oder als bei den in den Absätzen 1 und 2 genannten Personen tätiger Beauftragter für den Datenschutz bekannt geworden ist. ...

(6) Handelt der Täter gegen Entgelt oder in der Absicht, sich oder einen anderen zu bereichern oder einen anderen zu schädigen, so ist die Strafe Freiheitsstrafe bis zu zwei Jahren oder Geldstrafe. " (§ 203 StGB Verletzung von Privatgeheimnissen)

„Wer unbefugt ein fremdes Geheimnis, namentlich ein Betriebs- oder Geschäftsgeheimnis, zu dessen Geheimhaltung er nach § 203 verpflichtet ist, verwertet, wird mit Freiheitsstrafe bis zu zwei Jahren oder mit Geldstrafe bestraft. " (§ 204 StGB Verwertung fremder Geheimnisse)

„(1) Ein Geschäftsgeheimnis darf nicht erlangt werden durch 1. unbefugten Zugang zu, unbefugte Aneignung oder unbefugtes Kopieren von Dokumenten, Gegenständen, Materialien, Stoffen oder elektronischen Dateien, die der rechtmäßigen Kontrolle des Inhabers des Geschäftsgeheimnisses unterliegen und die das Geschäftsgeheimnis enthalten oder aus denen sich das Geschäftsgeheimnis ableiten lässt, oder 2. jedes sonstige Verhalten, das unter den jeweiligen Umständen nicht dem Grundsatz von Treu und Glauben unter Berücksichtigung der anständigen Marktgepflogenheit entspricht.

(2) Ein Geschäftsgeheimnis darf nicht nutzen oder offenlegen, wer 1. das Geschäftsgeheimnis durch eine eigene Handlung nach Absatz 1 a) Nummer 1 oder b) Nummer 2 erlangt hat, 2. gegen eine Verpflichtung zur Beschränkung der Nutzung des Geschäftsgeheimnisses verstößt oder 3. gegen eine Verpflichtung verstößt, das Geschäftsgeheimnis nicht offenzulegen.

(3) Ein Geschäftsgeheimnis darf nicht erlangen, nutzen oder offenlegen, wer das Geschäftsgeheimnis über eine andere Person erlangt hat und zum Zeitpunkt der Erlangung, Nutzung oder Offenlegung weiß oder wissen müsste, dass diese das Geschäftsgeheimnis entgegen Absatz 2 genutzt oder offengelegt hat. Das gilt insbesondere, wenn die Nutzung in der Herstellung, dem Anbieten, dem Inverkehrbringen oder der Einfuhr, der Ausfuhr oder der Lagerung für diese Zwecke von rechtsverletzenden Produkten besteht. " (§ 4 GeschGehG Handlungsverbote)

„Die Erlangung, die Nutzung oder die Offenlegung eines Geschäftsgeheimnis-ses fällt nicht unter die Verbote des § 4, wenn dies zum Schutz eines berechtigten Interesses erfolgt, insbesondere 1. zur Ausübung des Rechts der freien Meinungs-äußerung und der Informationsfreiheit, einschließlich der Achtung der Freiheit und der Pluralität der Medien; 2. zur Aufdeckung einer rechtswidrigen Handlung oder eines beruflichen oder sonstigen Fehlverhaltens, wenn die Erlangung, Nutzung oder Offenlegung geeignet ist, das allgemeine öffentliche Interesse zu schützen; 3. im Rah-men der Offenlegung durch Arbeitnehmer gegenüber der Arbeitnehmervertretung, wenn dies erforderlich ist, damit die Arbeitnehmervertretung ihre Aufgaben erfüllen kann." (§ 5 GeschGehG Ausnahmen).

Was Sie aus diesem *essential* mitnehmen können

- … *einen ganzheitlichen Blick auf das Spannungsfeld Gerüchte,*
- … *das Bewusstsein, im Ernstfall mehrere Handlungsmöglichkeiten zu haben,*
- … *ein Verständnis für Gerüchte als Teil der Kommunikation.*

Literatur

Altenhöner F (2008) Kommunikation und Kontrolle. Gerüchte und städtische Öffentlichkeiten in Berlin und London 1914/1918. De Gruyter Oldenbourg, München

Bergmann JR (1987) Klatsch. Zur Sozialform der diskreten Indiskretion. De Gruyter, New York

Brokoff J (2008) Die Kommunikation der Gerüchte. Wallstein, Göttingen

Bruhn M, Wunderlich W (Hrsg) (2004) Medium Gerücht. Studien zu Theorie und Praxis einer kollektiven Kommunikationsform. Haupt, Bern

BMI Bundesministerium des Inneren (2014) Leitfaden Krisenkommunikation. Berlin

BfV/BSI Bundesamt für Verfassungsschutz/Bundesamt für Sicherheit in der Informationstechnik (2016, 2017) Wirtschaftsgrundschutz. Köln Bonn Berlin

Castelfranchi C, Tan Y-H (2001) Trust and deception in virtual societies. Springer, Dordrecht

Coleman A (2020) Crisis communication strategies. Kogan Page, London

Coombs WT (2019) Ongoing Crisis communication. Planning, managing, and responding. Sage, New York

Dencker KP (Hrsg) (2002) Poetische Sprachspiele. Philipp Reclam jun, Stuttgart

Deutscher Städtetag (2012) Medienkommunikation in Krisensituationen. Deutscher Städtetag, Berlin

Dunbar R (1998) Grooming, gossip, and the evolution of language. Harvard University Press, Harvard

Fink S (2013) Crisis communication. The definitive guide to managing the message. McGraw-Hill, New York

Fleischer A (1994) Feind hört mit! Propagandakampagnen des Zweiten Weltkrieges im Vergleich. Lit, Münster

Frandsen F, Johansen W (2016) Organizational crisis communication. A Multivocal Approach. Sage, New York

Griffin A (2017) Crisis, issues and reputation management. A handbook for PR and communication professionals. Kogan Page, London

Hartley K (2019) Communication in a Crisis. Kogan Page, London

Höbel P, Hoffmann T (2014) Krisenkommunikation. Herbert von Halem/UVK, Konstanz München

Jiang J et al (2019) Malicious attack propagation and source identification. Springer Nature, Cham

© Der/die Herausgeber bzw. der/die Autor(en), exklusiv lizenziert durch Springer Fachmedien Wiesbaden GmbH, ein Teil von Springer Nature 2021
M. H. Kraus, *Gerüchte im Geschäftsleben. Vorbeugen, Entkräften, Widerlegen*, essentials, https://doi.org/10.1007/978-3-658-36245-4

Kapferer J-N (1995) Rumeurs. Le plus vieux médie du monde. Éditions du seuil, Paris (deutsch 1997: Gerüchte. Das älteste Massenmedium der Welt. Aufbau, Berlin) (Erstveröffentlichung 1987)

Kaya M, Alhaj R (Hrsg) (2019) Influence and behavior analysis in social networks and social media. Springer Nature, Cham

Keil L-B, Kellerhoff SF (2017) Fake News machen Geschichte. Gerüchte und Falschmeldungen im 20. und 21. Jahrhundert. Ch. Links, Berlin

Kimmel AJ (2003) Rumors and rumor control. Taylor & Francis, London

Klapproth J (2018) Der Tag X – Vorbereitung auf den Ernstfall. Handbuch für Krisenmanagement und Krisenkommunikation. BoD, Norderstedt

Kraus MH (2019) Streitbeilegung in der Wohnungswirtschaft. Haufe, Freiburg

Kraus MH (2021a) Notfallvorsorge in der Wohnungswirtschaft. Springer Vieweg, Wiesbaden

Kraus MH (2021b) Streitbeilegung in Bauvorhaben. Springer Vieweg, Wiesbaden

Lauf E (1990) Gerücht und Klatsch. Spiess, Berlin

Meißner J, Schach A (2019) Professionelle Krisenkommunikation. Basiswissen, Impulse und Handlungsempfehlungen für die Praxis. Springer Gabler, München

Neubauer H-J (2008) Fama. Eine Geschichte des Gerüchts. Matthes & Seitz, Berlin

Porter L (2017) Popular rumour in revolutionary Paris 1792–1794. Palgrave Macmillan, Basingstoke

Schuldt C (2009) Klatsch! Insel, Frankfurt/Main

Selbin E (2009) Revolution, Rebellion, Resistance. The Power of Story. Zed Books, London (deutsch 2010: Gerücht und Revolution. Von der Macht des Weitererzählens. WBG, Darmstadt)

Seydel H (Hrsg) (1969) Alles Unsinn. Eulenspiegel, Berlin

Steinke L (2017) Kommunizieren in der Krise. Nachhaltige PR-Werkzeuge für schwierige Zeiten. Springer Gabler, München

Tan CW, Pei-duo Y (2022) Network inference for cyber security in complex networks. Springer Nature, Singapore

Thiele-Dohrmann K (1992) Schwatzende Zungen, lüsterne Ohren. Zur Psychologie des Klatsches. Heyne, München

Thiele-Dohrmann K (1999) Der Charme des Indiskreten. Eine Kulturgeschichte des Klatsches. Artemis & Winkler, Zürich

Thießen A (Hrsg) (2014) Handbuch Krisenmanagement. Springer VS, Wiesbaden

Ulmer RR et al (2017) Effective crisis communication. Moving from crisis to opportunity. Sage, New York

Wagner KA (2016) Rumours and rebels. A new history of the Indian uprising of 1857. Lang, Bern

Wilson RA (1999) Quantum Psychology. New Falcon Publications, Tempe (Erstveröffentlichung 1990)

Xu W, Wu W (2020) Optimal social influence. Springer Nature, Cham

Printed in the United States
by Baker & Taylor Publisher Services